未完のユートピア

新生・新しき村のために

前田速夫

Maeda Hayao

冨山房インターナショナル

はじめに

山と山とが讃嘆しあうように
　人間と人間とが
讃嘆しあいたいものだ
　——武者小路実篤

白樺派を代表する作家で、『友情』『愛と死』ほかの小説や詩、絵画、書で知られる武者小路実篤（一八八五―一九七六）が、宮崎県日向に「新しき村」を創設したのは、一九一八年（大正七）十一月のことだった。

私はその新しき村が創立百周年を迎えるまる一年前に、『「新しき村」の百年〈愚者の園〉の真実』（新潮新書）という小さな本を著した。百年目には各メディアが一斉に注目するだろうから、その露払いとして、もしくは呼び水として、いまや武者小路実篤のことすらよくは知らない若い人たちのためにも、ユートピア共同体として世界的な長命を誇る新しき村の歴史を言祝ぎ、その存在意義を知ってもらおうと思ってのことであった。

新書としては地味なテーマだったにもかかわらず、いくつかの新聞の読書紹介欄や書評に取り上げられて、そこそこの反響はあった。そして、翌年、百周年を迎えてからのことは、追って本文中で触れるが、問題は、このままでは遠からず村は消滅してしまうと憂え、なんとかしなくてはと訴えた、村民の超高齢化、極端な人口減少、後継者難、累積する赤字についてであった。

新しき村（その後、主力は埼玉県入間郡毛呂山町に移り、現在は日向新しき村と二本立て）は、村内で暮す村内会員と、村外で暮す村外会員の二重の組織からなっている。これは実篤の独創になるもので、他のユートピア共同体が早々と姿を消してしまったにもかかわらず、新しき村が百年も続いた最大の理由である。

私は両親が戦前からの村外会員だった縁で、十年ほど前、発祥の地である宮崎県の日向の村を訪ねたことがきっかけで、弟ともども村外会員になった。そして、前著を問うた以上はと、百年目を迎えた二〇一八年の正月、東京支部の新年会の席上で、いまこそ私たち村外会員の出番である、この百周年を機に、村内の会員や全国の村外会員と共同で、大切な村を存続可能にするための具体的な取り組みを、スタートさせようと呼びかけた。

当日の出席者は約二十名。大半の人が賛同してくれ、それが半年後の「日々新しき村の会」（「日々新」は実篤が好んで書にした言葉）の結成、発足につながった。書店でたまたま拙著を見つけて、「今日自分があるのは、若き日に実篤の『この道より我を生かす道なしこの道を歩く』という言葉に出会ったおかげだ、恩返しがしたい」と、資金集めその他、再建の先頭に立つと申し出てくれた有力者も現われた。そのPさんの支援もあって、年内に会員は三百名を超え、会長には実篤の孫であるWさんに就任してもらって、組織固めもできた。ところが、そこから先が難儀であった。

会報の「日々新」を三号発行し、百周年記念のシンポジウムや記念のコンサートを開催、さまざまなメディアや地元の毛呂山町、大学への働きかけも始めたが、結果から言うと、その後三年を越える私たちの運動は、肝腎のわずか二世帯八名の村内会員（高齢による死去二名、離村者一名で、執筆時より三名減）の大半と、それに寄り添うごく少数の村外会員の妨害、拒絶に遭って、頓挫寸前まで来てしまったのである。

ていねいに説明すればいつか必ず理解してくれると努力したが、なかなか心を開いてもらえず、もう諦めるしかないのかと思っていた昨年（二〇二一）五月のことだ。政府の諮問委員として公益法人制度改革に携わったさる法律の専門家から、新しき村の理念とその存在自体が公益目的そのものなので、それが正しく生かされるなら、今からでも公益財団法人化が可能であると教えられて、私たちは絶望の淵からよみがえった。

P弁護士、W会長が、村内側にこのことを伝え、移行に要する費用や当面村を維持するのに必要な経費は、P弁護士が責任を持つと表明した結果、本年（二〇二二）三月に開かれた理事会とその後に開かれた評議員会・会員大会で、旧村内側の理事長のキラ兄夫妻と理事のタカシ兄夫妻、最高齢の女性理事一名（K姉、八十七歳）の五名が村を去ることが正式に報告されたあと、新役員のもとで公益財団法人化の申請手続きを進めることが全会一致で決定したのである。

いま私たちは、旧理事会・評議員会のメンバーを一新して、新しい組織のもとに定款や運営方法を抜本的に改正して、二十一世紀にふさわしい新生・新しき村を建設するための再スタートを切った。課題は山積しているが、これまでの歩みを振り返って反省すべきところは反省し、今後何をどうしようとしているかを語ることは、一新しき村に限らぬ、今日の日本が、世界が直面している困難を解決していくヒントにもなると考えて、本書を著す。

現時点（二〇二二年六月）で村に残ったのは、結局、旧村民三名（タミジ兄、マサシ兄、コウスケ兄）

に長期滞在者二名（タキ兄夫妻）を加えた、わずか五名。さりながら、何より私が嬉しかったのは、たとえ五名であっても、こうして前から私たちが望んでいたオール新しき村での取り組みが可能になったことで、認定後は、新しく仲間に加わってくれる会員と共に、いよいよ新世紀のユートピアづくりがスタートする。

いったい私たちは、いかなるヴィジョンのもとに、どのような村に作り変えようとするのか。新しき村再生の運動に立ち上がったわれわれが、三年ものあいだ足踏みを余儀なくされたのは、なぜだったのか。

これはある意味、理想を掲げる共同体一般、もしくはさまざまなグループや組織がたどる、共通の運命であるとも言える。いったい、共同体とは善なのか、悪なのか。未来のコミュニティとは、集団とは、どうあるべきなのか。

いまこの時代に、分野こそ違え、既成の形骸化した理念、組織、構成メンバーを一新して、新しく生まれ変わろうともがき苦しんでいる人々は、多いのではないか。社会不安が増し、個が孤立するなかで、今日、さまざまな分野で共生とか多様性とか利他性といったことが説かれている。地域おこしや町づくりの運動も活発である。けれども、それは言われるほど易しくない。私たちは、そのことを身をもって体験したのである。

旧村内側の理不尽な態度には、言いたいことがたくさんある。しかし、それはもう終ったことだ。いまもっとも大切なのは、新たな革袋に、どのような美酒を盛り、いかなる魂を入れるかだろう。

本書は私たちが直面した躓き(つまず)を端緒とはしているが、主眼とするところは、二十一世紀を生きる私たちにとって共同性とはどのような意味があり、新しき共同体は何を目指し、そのためにはどう取り組めばいいかである。

個と普遍、私と公共、市民と国家の間をつなぐ、家族や地域、あるいは仕事先といった中間項が機能不全に陥った結果、いまコモンズ（社会的共通資本）やアソシエーション（協同社会）など、それに代わる新たなコミュニティの創出や、民間による社会福祉援助（ソーシャルワーク）が方々で模索されている。どれも、百年前に新しき村が始めたことで、いまこそ新しき村がその真価を発揮し、底力を示さなくてはならないのだ。

地球環境の悪化、気候温暖化、資源の枯渇も憂慮されている。世の中全体がグローバル化へ、ＡＩ化へと突き進む一方で、農山村共同体の見直しや、新たな地域おこし、村おこしも盛んで、その成功例も現われはじめている。衰微した第一次産業をいかに復興させるか、それは世界中に共通した課題でもある。いま日本で、世界で求められているのは、個を尊重し、各人が自立して生きることを前提としながらも、他者とどう共存共生し、他者とのかかわりと応答のなかで、いかに共同性を築いていくかであると言って過言ではない。

現在は人口が極端に減少し、廃屋が目立つ毛呂山の新しき村だけれど、東京から電車で一時間ほど、土地も環境も設備も整っている。今後の再建に必要な資金や中心になる人材も、ある程度は見込めている。要は、やる気があるかどうか、夢や理想を持ち続けられるかどうかで、試されているのは、われわれ自身の本気度であり、構想力であり、組織力、実行力である。

それは、戦後に育った第一世代である私（一九四四年生まれ）が、表向きは平和だったこの日本に違和を感じて、文芸の編集者となり、定年退職後は在野の一学徒として民俗学方面の研究に踏み込んだことと切り離せない。私にとって、民俗や思想は、そして文学は、いま目の前の自分自身の生き方に直結しており、この新しき村を次の世代の人にどう渡していくかは、他人事でないのだ。

お先真っ暗な世の中だが、それはこうなるのをみすみす放置してきた私たちが招いた結果でもある。このままではいけない、何とかしなくては、と思っている方が、大勢いるはずだ。この困難な時代を乗り切るために、武者小路実篤師が唱えた自他共生、人類共生の火を絶やしてはならない。

私たちは、いま私たちと共に、この新しき村を正しく継承し、より大きく育ててくれる人々が現われることを待っている。そして、新しき村のような小さな共同体が各地に生れるなら、それは、いつかこの日本を、世界を、破局から救うことにつながる。実篤師も、それを望んでいるに違いない。そのための捨て石、橋渡しが、本書である。

未完のユートピア——新生・新しき村のために　目次

◇凡例　主に西暦を使用。書名、作品名は、『　』。括弧内の＊は引用者注。引用文は新かな、新字体に改めた。原則として、物故者は敬称を略し、現存の新しき村関係者は筆者以外、仮名とした。また、煩わしさを避けるため、新しき村の表記は初出を除いて、「　」をはずした。

装幀・坂田政則

未完のユートピア——新生・新しき村のために

主な登場人物

私…………筆者。『「新しき村」の百年〈愚者の園〉の真実』の著者。編集者時代に武者小路実篤の連載を担当。両親は戦前からの新しき村村外会員で、実篤夫妻の媒酌で結婚した。

弟…………筆者の弟。村内会員との融和に努める。

キラ兄………一般財団法人「新しき村」理事長。夫妻で椎茸の生産に専念。

タカシ兄……同理事。会計担当。ただ一人、村の将来を気遣う。夫人は村の食事を切り盛りする。

タキ兄………機関誌《新しき村》前編集長。長期滞在者の資格で、竹林を管理。夫人は村の炊事を手伝う。

タミジ兄……ヒゲがトレードマーク。鶏糞の残りを利用して土壌改良剤を製作。

マサシ兄……田圃担当。無農薬農法を実践。

コウスケ兄…同。村では最年少の四十五歳。

J兄…………前（第四代）新しき村理事長。長女はチェコ在住のヴァイオリニスト。

K姉…………美術館担当。元ウルトラマラソン世界記録保持者。村で理容院を開業。最高齢の八十七歳。

P弁護士……前著（『「新しき村」の百年』）を読んで、資金援助を約束。虎ノ門の法律経済事務所の所長。多くの社会貢献の実績がある。新しき村の公益財団法人化を提案。

W会長………実篤の孫。著作権継承者。調布市実篤記念館理事長。「日々新しき村の会」会長。公益財団法人「新しき村」の初代理事長に推される。

キチジ兄……元村内会員。太陽光発電の導入を主導する。設置や維持は、自分の経営する工事会社が請け負う。

ショウゾウ兄……創設地の日向新しき村代表。エネルギッシュで創意工夫に富み、地元民からも信頼される。

カワグチ兄……「日々新しき村の会」会員。プランナー。著名画家の長男。実篤カボチャの生産と販売を提案。太陽光発電導入にまつわる過失を半年かけて検証し、全三冊にまとめる。

ウエノ兄……古くからの村外会員。「日々新しき村の会」の会員で、唯一の評議員。「ギャラリー真庭」主人。

ヒビヤ兄……アメリカに宗教哲学研究のため留学。帰国後、実践の必要を感じて、単身村に飛び込む。「新生会」を結成して四年半、村の改革を呼びかけるが、賛同が得られず離村。現在も村外会員として、ブログの「新・ユートピア数歩手前からの便り」を発信中。

アキコ姉……神田神保町にある東京支部の集会場「新村堂」での定例会の常連。百周年行事実行委員会のメンバー。

オオノ兄……実篤記念館のある調布市仙川で、「せんがわまちニティ情報センター」を運営する。百周年記念シンポジウムを主催。

ワジマ兄……埼玉県内の高校の英語教師を歴任。在村中に教員免許を取得する。定年退職後は、毎日ボランティアで茶畑の作業と野菜づくりに通う。

ホリグチ兄……元村内会員。古書店主。土曜の午前は、新しき村美術館で受付を務める。

アサカワ兄……村外会員。ヒビヤ兄が在村時に立ち上げた「新生会」の仲間。コンサルタント。大学講師。村内と「日々新しき村の会」の仲介役になると、接近してくる。

I 「新しき村」百年目の彷徨

1 「日々新しき村の会」を結成すること

新しき村が百周年を迎えた二〇一八年の正月、東京支部の集会場である新村堂(しんそんどう)の集まりで、百周年の今年、新しき村を再生する運動を始めようと呼びかけ、それが「日々新しき村の会」の発足につながったことを、「はじめに」で述べた。

異を唱えたのは二名で、一人は新村堂の世話役ともいうべき、アキコ姉。彼女は「わたしは、今年、村の百周年行事実行委員会の仕事で手一杯だから、そんな大掛かりなことに協力している余裕はありません」と、これははっきりしていた。

もう一人は、村の機関誌《新しき村》の編集長を十年近く務めたタキ兄。彼はそれまで私の取材には協力してくれていたはずなのに、「私は半分、村は歴史的な使命は果たしたと思っています」と述べて、賛否を濁した。

（新しき村では、口頭の場合を除き、村内・村外とも、会員同士は兄姉の尊称で呼ぶ習慣なので、本書でもそれにしたがう。）

けれども、あとの人は残らず賛同してくれたので、私はさっそく、翌月から第一日曜日の月例会終了後、賛同してくれなかった二人にも、オブザーバーとして残ってもらって、仲間と協議しながら意見集約し、まずは村内・村外の会員全員に向けて以下のような文章を作成して、《新しき村》三月号に発表した（抜萃、一部改稿）。

《……私たちは、百周年記念行事や百周年記念事業を、今年限りの内輪のものだけで終わらせたくありません。なぜなら、これをチャンスと捉えてスタート台にすれば、将来の展望もおのずと開けていくだろうと確信するからです。

それにはまず、百周年を機に新たな一歩を踏み出した村の姿を全国に発信する必要があり、そのためには、いくらかなりと各種メディアの注目を惹く話題を提供できなくてはなりません。

すなわち、百年の歴史の証しと、新たな村おこしの象徴となるような、八角井戸の改修。しだれ桜の手入れ。村内・村外の会員が、今後も心をひとつにして、将来への展望を切り拓くよすがとする、実篤師の言葉を刻んだ記念碑の建立（村内立地）。外部との交流を活発にする、そのきっかけづくりとしての、村外者による茶畑一畝、新植の梅・桃一本、ぼたん数株のオーナー制の導入……。

これで満足とは到底言えませんが、といって、予算や人手、準備に要する時間を考えると、村外の会員だけでやれることは限られてきますから、今回はこれでがまんします。しかし、来年以降、これに続けて取り組むことのほうがさらに大切で、じつをいうと、右をスプリング・ボードに、新たな村おこしの運動を始めよう、そのためのプランを今から併行して練っていこうというのが、私たちが協議を始めた大きな理由でした。

この場合、真っ先に取り組まねばならないのは、志のある成年男女を迎え入れ、後継者を育てていく環境をどう作りだしていくかです。ホームページの刷新をはじめとする広報活動の強化、会員の飛躍的増大、各種団体への協力要請、基金の設立も課題です。

そして、私たちはさらにその先も見据えています。すなわち、二十一世紀にふさわしい新生・新しき村のグランドデザインを設計して、国内のみならず、海外へも自他共生・人類共生の理想を発信する大型プロジェクトとして、究極の目的である、福祉・教育・芸術を三本柱にした祝祭共働態へと深化、発展させます。

しかし、いまはそこまで大風呂敷を広げるのは控えておきましょう。とにかく、何をするにしても、新しき村の新しさを今日の社会に向けて強くアピールできることが肝要で、私たちはそのための運動に立ち上がります。

それは、今のうちになんとかしないと、村が大変なことになるからと、自分を犠牲にして、しかめ面してやるのではありません。そうすることに、自分たちの大きな夢が一歩一歩近づく実感が、肌で感じられるからそうするのです。結果、村内の人たちに私たちの本気度がいくらかなりと伝わり、いつかその成果が目に見えるようになって、皆に喜んでもらえるなら、こんなに嬉しいことはありません。》

(「百周年を機に、新たな村づくりの運動を」)

続いて三月十二日、有力な村外会員を中心に、前著(『「新しき村」の百年〈愚者の園〉の真実』、以下前著と記す）に好意的な書評をしてくれた人や、新しき村に関心のありそうな作家、詩人、画家、評論家、研究者にも声をかけて四十五人を発起人として、「新たな村づくり運動へのご協力とご支援のお願い」を、結びに「土地を本当に生かす運動、土地を人生の為に生かす運動、土地の上に創造する喜び、それが今後の新しき村の運動になるであろう」という実篤師の言葉を添えて、仮称「日々新しき村の会」への入会を呼びかけ、諾否を返信してもらうハガキを同封して発送した。結果は、諾・協力は四十九人で、その後の入会者十七人を加えて、計一一一人が賛同してくれた。

このかん、ＮＨＫに出かけて、スタジオで「ラジオ深夜便」のインタビューを四十分受けた。担当のベテラン・アナウンサーはかつて日向の村のある宮崎支局に勤務したことがあるとのこと、前著を熱心に読んでいて、執筆のいきさつから、新しき村の現代的な意義まで、質問が的確だったせいで、気持よく話せた。

インタビューが放送された四月十一日には、午前中、弟と二人で百周年行事実行委員会のアキコ姉が中心に行っている都電（以前、村の幼稚園に使用）のペンキ塗りを手伝い、午後からは、村から少し離れた工事会社に、太陽光発電導入の立役者であるキチジ兄を訪ねた。民主党政権時の事業仕分けに始まる公益財団法の改正に伴って、一般財団法人に移行した際の手続きや会計処理、新たに収益事業を立ち上げるについての仕組み等々が、複雑すぎて素人にはよく呑み込めず、さまざまな疑問点に答えてもらうためであった。

キチジ兄は、導入までの苦労を率直に語ってくれた。打ち解けてくると、入村時代、村で知り合った女性と結婚したが、彼女は文学志向で、帰宅してから村の仕事で疲れてゴロゴロしている自分に愛想がつき、離婚させられたと、そんなプライバシーまで打ち明けてくれた。

終ってから、再び、村へ。「諸問題の会」に呼ばれていたので、すでに承認を得ていた八角井戸の補修その他について、改めて村民全員に説明するためである。このときのことは、後にまわす。

四月二十二日は、月末の日曜日と決めた初の村訪問日。私たちの仲間は高齢者が多く、参加したのは結局、弟と私の二人だけだったのは寂しかったけれど、戦前から東京支部の村外会員が実行していたことの復活である。茶畑の雑草取りから始めておいおい村全体の環境整備につなげていく予定だが、こうした作業を率先して行うなかで、村内会員との交流が活発になり、お互いのコミュニケーションと信頼感が増していけばと思ったからであった。

2　有力な支援者が現われたこと

五月に入った第一木曜日の夜、新村堂で木曜会をしていたアキコ姉から家に電話があった。私に会えると思って訪ねてきた人が、話したがっているとのこと。代わってもらうと、Pさんと名乗る弁護士だった。前著を書店で見つけて読んだ。ぜひ協力したいと言う。翌日、丁寧な自己紹介の手紙が、自分が所長をしている法律経済事務所の概要が載るパンフレットと共に送られてきた。虎ノ門に九階建てのビルを構え、約八十名の弁護士のほか、税理士、司法書士、行政書士、土地家屋調査士、社会保険労務士、不動産鑑定士などを擁して、ワンストップ・リーガルサービスを提供している。高齢者のためのシニア・サポートセンターを併設、全国に三十を超す支店もある。

お会いすると、年齢は私とさして変わらない。聞いてみると、母校の大学、高校のほかにも多大な寄付をしていて、社会貢献の実績もある。これまで私がお付き合いしてきた人とは肌合いが違うが、私にもっとも欠けている実務方面のことを補ってくれる人として、頼もしい存在である。

何度かお会いして、具体的な再建プランを相談するうち、なかなかのアイディアマンで、信頼に足る人であることがわかってきた。愛知県の子沢山な農家の出身で、高卒後家を継ぐ気でいたところ、担任の教師から、上京して法律の勉強をすることを勧められ、大学在学中、学費を稼ぐため、サボテン販売に目をつけて通販の商売を始めると、これが大当たりしたという。

それからは、とんとん拍子にことが運んだ。まずは組織固めが肝心と、実篤の孫で著作権継承者のWさんを口説いて会長に就任してもらい、古くからの村外会員で「日々新しき村の会」の仲間では唯一人の一般財団法人新しき村評議員のウエノ兄と、私とが副会長になって、さっそく、外部の協力を得るための『創立百周年記念事業に関する趣意書』と、それに添える『新しき村百年略史』の作成に入った。

七月の末には、P弁護士の希望で、創設の地、宮崎県日向の村（なぜか毛呂山の村民とはふだん交流がなく、現在は一般財団法人新しき村に含まれていない）を案内した。宮崎空港に出迎えてくれたショウゾウ兄らは、途中、近くの社会福祉法人、石井十次（日本初の孤児院を創設）記念館に寄って館長を紹介してくれ、館長の案内で養護園や資料館を丁寧に見学してまわった。木城町から日向新しき村へ向かう通称実篤ロードに入ると、P弁護士は実篤の言葉を刻んだ記念石碑のある場所（どれもショウゾウ兄の手造り）にさしかかるたび、クルマから降りて熱心に写真撮影する。

日向の村を一巡している最中、養豚や稲作など、一人で頑張るショウゾウ兄（他に老夫妻の計三人が在住）に敬意を表し、何か必要なものはないかと、P弁護士が聞くと、ショウゾウ兄が中古でいいからトラクターが欲しいと答えたので、その場で百万円を寄付することを約束した。

帰京して間もなく、石井記念館や日向新しき村でのものを含め、撮影したカラー写真が、外注先よりたちまち一五〇ページもの立派な本に仕上がってきた。

「日々新しき村の会」が正式にスタートしたのは、八月五日。新村堂に会員二十一名が集まって、創立総会を開いた。この日見本が出来上がった会報《日々新》第一号から、W会長の「ご挨拶」とP弁護士の「創立百周年記念事業について」の文章を、それぞれ抜萃する。

《祖父実篤がその理想を形にすべく、志を同じくする約二十名の仲間と共に「新しき村」を創立してから、今年で百周年を迎えることとなりました。……現実の「新しき村」は、高齢化と少人数化が進み、このまま放置していては、じり貧的に消滅してゆくしかないのではと思います。……この創立百周年は、ただ「新しき村」の百年の歴史を振り返る時だけでなく、次の百年への第一歩とできなければ意味のないものとなるのではないでしょうか。（中略）

　私としてはこの事業を通して、一人でも多くの若者に「新しき村」の思想を知ってもらい、その中から一人でも多く「新しき村」の次の百年のために働いてもらえるようにしてゆきたいのです。……》

（「ご挨拶」）

《この計画を進めるうえで最も重要なことは、村内会員にとって負担とならず生活が楽になり、将来の生活が不安なく過ごせるという保証があることが前提となる。

　そこで新しき村法人の資金を使わないで村の再生が出来る方法を考える必要があり、今回の百周年という大きな節目の年の記念事業として村外会員その他の賛同する法人・個人を募り資金を集め村を再生する事業化の第一歩としたい。

村を再生するにあたって検討する事項として思いついたことは以下の通りである。

1 現在利用されていない村の土地を有効利用する方法を検討する。

2 新しき村法人から資金を出さないで土地を利用して事業をするには、事業をする会社又は団体が新しき村法人から土地を借りて地代を支払う方式しかないことになる。新しき村法人としても、借主から毎月相当額の地代が支払われるのであれば、土地の有効活用ができ法人経営も安定することになる。

3 村の土地を教育ファームとして活用する方法もある。

4 どのような規模、条件で、どのような団体が、高齢者・障害者の施設を創ることが可能か。

5 観光農園的活用方法は?

6 芸術村を創る方法について検討する。

7 土地利用には様々な法規制があるので、専門的な見地から調査する。

8 採算を取る必要上、投下資本とその回収について、どのような事業が可能かを検討する。》(「創立百周年記念事業について」より、一部要約)

後者は法律家、事業家であるP弁護士らしい提言だが、加えて以下のごとく「懸賞論文の応募」を発案したのは、これまで私の頭になかったことで、新聞に公募の広告を出せば、新しき村の存在をアピールするのにも役立つだろうと感心した。

《新しき村再生の課題はこれまで多くの方が検討し提案したが、採算可能な方策までには至っていない。

私は、弁護士として不動産・建築・土地の有効利用等に関して多くの事例を取り扱ってきた。これまでの経験から都心から電車で1時間余という好位置にあり、美術館や生活文化館等の芸術・文化施設もあり、実篤の考え方に賛同して村の再生計画に参画する企業団体があると思う。（中略）

そこで、百周年を機に、武者小路実篤の開村の理念を生かしながら、村をどのように再生するかについての具体的な計画案を懸賞論文として、有識者や専門家のみならず、広く一般の人々からも募集することとし（グループによる応募も可）、この論文に書かれた内容を村内会員・村外会員を含めて検討し具体的に村の再生につなげたいという思いから記念事業の一つとした。

賞金の金額は武者小路実篤大賞1名300万円、優秀賞1名100万円、佳作若干名30万円。懸賞論文を作成するうえで大切なことは、その実現可能性と同時に、新しき村の新しさ、つまり、世界に類を見ないその美質を、どう今日の時代に生かすかが重要になる。》（同）

はじめP弁護士から懸賞論文のアイディアを示されたとき、私はそんな人まかせなことはできないと思ったが、賞金の額を聞いてすぐに考えを改めた。「それなら真っ先に私が応募します。賞金はいただきですね（笑）」と応じていた。

八月十一日、毎年恒例の新しき村の労働祭には、P弁護士の法律経済事務所からも大勢の職員が詰めかけ、P弁護士の指揮のもとに、実篤自筆の五十周年記念石碑を磨いたり、村内のほうぼうの施設を見学したり、夜は村民とキャンプ・ファイアを囲んで、ベートーベンの交響曲第九番《歓喜の歌》の伴奏で、新しき村の歌（実篤作詞）を合唱した。

初対面の新しき村理事長キラ兄を紹介した際、P弁護士が「村の活性化のため、努力します」と挨拶すると、キラ兄は横を向いて「私は活性化という言葉は嫌いです」と返した。これには、Ｐ弁護士も苦笑するばかりだった。

と、ここまでは、それでもまずまずの滑り出しだったのである。

3　掛け違ったボタン

本節では、「日々新しき村の会」がスタートしてからの、村内側の反応について手短かに述べる。

はじめ、私は「新たな村づくり運動へのご協力とご支援のお願い」を機関誌の《新しき村》に掲載してもらおうと思っていた。村内はもとより、村外の全会員に周知してもらう必要があると思ったからだ。けれども、それは村とは別の組織が行うものなので、機関誌に発表する性質のものではないと断られてしまった。

それなら、自分でやるからと、村外会員名簿の閲覧を求めたところが、個人情報保護法を楯に拒絶する。仕方なく、十年以上前の手持ちの古い名簿で発送したが、すでに物故者や住所不明になった人たちがいて、半数近くが戻ってきた。

百周年記念プロジェクトを推進するにあたっての『趣意書』と『百年略史』の製作を、途中で断念させられたのも痛手だった。それを持って協力先の団体、企業、教育機関などを廻って、基金への出資をお願いするつもりだったのが、あっさり頓挫したのである。『趣意書』の発起人に一般財団法人新しき村の理事長の名前を入れておいたのがその理由で、『百年略史』に用いた写真についても、実篤記念館が許可しないだろうと言う。

百周年を前に村が変り始めたことを示すための、八角井戸（村おこしの原点）の改修、老化したしだれ桜の手入れ（八角井戸のそばの、村で一番目立つ地に聳える）、百周年記念石碑の建立等も、評議員会・会員大会の席上で、「反対はしない」（勝手にやるのだから、資金等の援助はしない）と正式に承認されたのに、村内の「諸問題の会」に呼ばれて、村民全員の前で改めて説明を求められた結果、一部の人の「その必要はない」という意見が通って、簡単にひっくり返ってしまった。村は、「命令をしない。されない」が鉄則だから、一人でも反対者がいると、ものごとが進まなくなるのだ。

村では皆が風呂からあがる午後七時からが集まりやすいというので、前述のキチジ兄訪問のあと、暗くなってから行くと、その議題はほったらかしたまま、村外会員の一女性がミモザの木を植えたいというのを、一時間も二時間もかけて討議した挙句、誰が木の面倒を見るの、生長した木はどうするつもり、私たちはそんな世話までしたくないという発言で、却下。ようやくこちらが説明する番になると、途中で話を遮って、今夜はもう夜が更けた、またの日にしようとなり、深夜、関越高速道を弟の運転で東京まで帰らなければならない私たちに、ご苦労さまの一言もなかった。

前後して、県外のさる元女性村内会員から、抗議の手紙も来た。「村内で暮らす人の気持を考えずに、ものごとを進めるのは、迷惑なだけです」という強い調子のものだった。

《……繰り返しになりますが、村が百年続いたのは、肝心の提唱者が離村しても、次々と入村しては離村して村を通過していく村内会員が殆どでも、村内を離れずに暮してきた人たちがいるからだということ、結果現在の村があるということをもう一度しっかり踏まえて頂いて、たくさんの構想をふるいにかけて見直して頂かねばならないと思います。あせらずに、現実に実行可能なことから、村内村外で協議協働して取りかからなければならないと思います。
村内に負担をかけなければいいでしょうと、もし本気で思いのままに実行したいのでしたら、独善的になって、かえって村の「負担」にならないでしょうか。》
これには、すぐに返事を出した。
《ご心配をおかけしていること、私の不徳の致すところで、いくども反省しています。貴姉が村をお好きで、いまも良い思い出を持っておられるのは素晴らしいことです。
村が百年続いたのは、村を離れずに、ずっとそこで暮らした人がいたからだというのも、おっしゃる通りですが、村はただ座して消滅のときを待っているのみ。これを再生するには、若い人にどんどん来てもらい、収益を生み出す事業を起こす以外に道はありません。
いまは村内、村外が率直に意見交換し、理解を深め、ともに未来を切り拓く勇気が必要なのだと思います。》
するうち、《新しき村》八月号に、囲みで告知がでた。

《前田速夫さんを中心として活動されている「日々新しき村の会」が「新しき村百周年記念事業実行委員会」を立ち上げ、色々な事業を計画しておられますが、この活動は私たち「新しき村創立百周年記念行事実行委員会」の活動とは一切の接点を持たない別の活動であることをご理解下さるようお願い申し上げます。》（委員一同）

まるで、私たちを犯罪者集団であると言わんばかりであった。

4　なぜ、村の住民は話し合いに応じないのか

こうして、そもそもの始まりから村内側の露骨ともいえる態度に遭っても、私は平然としていた。いちいち反応していては、身がもたないし、双方の溝が深まるばかりと判断したからである。

それにしても、村内の危機を救い、村を再生しようと無償で立ち上がった私たち村外の会員に、彼らはなぜ背を向けるのか。前著を書くので村へ通っているあいだ、私はとくに妨害を受けたことはない。それどころか、両親が古くからの村外会員だったせいで、ずいぶん親切にしてもらった。亡くなった父のことを書いた「毎日が木曜会」（一九九九年）や、母が亡くなったときの「父母と新しき村と私」（二〇〇九年）のほかに、「兄弟で日向の村を訪問して」（同）、「新しき村二泊三日の記」（二〇一二年）、「新しき村の「新しさ」」（二〇一四年）、「新しき村百年と向き合う日」（二〇一五年）、「新しき村の理想と誇り」（二〇一八年）と、頼まれて機関誌《新しき村》への寄稿もしたし、本が出るときは、理事長氏自ら、《新しき村》に広告を出したいので、材料を送ってほしいと、じきじき電話で依頼があったほどである。

それなのになぜと、読者の皆さんも納得がいかないだろうが、こうなってしまうについては、それなり

のわけがあったのである。以下は未来の共同体に関心があり、新しき村に期待してくださっている皆さんには不愉快な話で、まことに申し訳ないとお詫びするしかないのだけれど、このことは、そうなってしまうのを放置してきた私たち村外の会員の側にも責任があり、これこそが、今日の村の衰退を招いた根本の原因であろうと反省し、自己批判するので、避けて通るわけにいかないのだ。

　私は、農業問題や町おこしの専門家でも、共同体やユートピアの研究家でもない、まったくの平場の人間である。したがって、もしも本書を著す価値があるとするなら、あくまでも当事者の一人として、新しき村の再生にかかわり、今後も身を挺してかかわろうとしている、その具体的な体験を通して感じたこと、考えたことを、お伝えする以外にないのである。どうか、ご理解を賜りたい。

　先方の態度が変わったのは、私たちが「日々新しき村の会」を組織して、再生のための運動を始めてからのことで、これははっきりしている。単にボタンの掛け違いに過ぎないのなら、よく話し合えば修復は可能なはずだけれど、話し合いも何も、最初から貝が蓋を閉じるような具合で、本能的な拒絶反応に近かった。

　うがった見方をするなら、私たちの存在は目障りなだけだから、相手を怒らせて早いところ手を引かせてしまおうという高等戦術（?）と疑えないこともなくて、事実、これまで何度も村内や村外から、改革の動きがあったのに、そのたび徹底的に無視されて、諦めざるを得なかった過去があった。

　前著の終りのほうで紹介し、また本書でものちに述べるヒビヤ兄が、その代表例である。「村内からの改革」に失敗した兄の絶望は深かった。結果的に、現理事長や理事、評議員は、そのとき追い出しに廻った、もっとも頑強な一派だったから、筋金入りなのである。

　では、実篤師の「君は君　我は我なり　されど仲良き」「仲良きことは美しき哉」を標語にする村で、なぜこうしたことが起るのか。

5　実篤没後の村について

ここで、前著をお読みでない方のために、新しき村百年の歩みをざっと、振り返っておこう。

1　日向の村草創期（一九一八年）……二十人からの出発。年々人が増えるが、高台に位置するため、水路が完成（十年後）するまでイネが穫れなかった。

2　実篤離村期（一九二五年）……村の資金を調達するには執筆に集中しなければならず、離村を決意。村民の落胆は甚だしかった。第一の危機。

3　ダム湖建設期（一九三八年）……国策のため村の三分の一が湖底に沈む。ショウゾウ兄が来るまで、残ったのは杉山正雄夫妻（妻は実篤の前妻だった武者小路房子）のみ。第二の危機。

4　毛呂山の村開拓期（一九三九年）……二家族三名からの再出発。原野を開拓。

5　東京支部がリードした時期……戦前・戦後のこの時期は、村外での活動が盛ん。実篤を囲んでの木曜会や、講演会、展覧会、戯曲の上演など、広報活動も活発。

6　自活達成期（一九五八年）……二代目理事長渡辺貫二が主導した鶏卵生産が軌道に乗り、創設四十年目にして、自活を達成。一時は六十名を超える老若男女で賑わった。

7　実篤没後（一九七六年四月）……第三の危機。けれども、ただちに影響は出ず、美術館、幼稚園、生活文化館、大愛堂を新設。

8　一九八〇年以後、とくにバブル崩壊後（一九九一年）……第四の危機。以後、人口も収入も急カーブで減少。九二年より、赤字に転落。

9　渡辺貫二没（二〇〇五年十一月）後……実質的な指導者が不在となる。第五の危機。以後、一般財団法人への移行（二〇〇八年）、太陽光パネルの設置（二〇一〇年）、人手不足による養鶏の終了（二〇一五年）となって、今日に至るのだが、5、6（一九五八年から六八年までの十年間を、「村にとって忘れられない日進月歩の夢の実現の時代」と渡辺貫二は述べた）を除くと、危機と苦難の連続だったことが、改めて浮き彫りになる。

思えば、狭い村のなかである。理想と現実は異なるといえばそれまでだが、それまでは他人同士だった人間が実際に集団での共同生活を送るとなると、小は相手のコーヒーの砂糖の量が多い少ないから始まって、実篤のいうゴタゴタ（内紛）のタネは絶えなかった。

早くも創立二年目、村の基盤を固めようと一心に仕事に励む側（労働派）と、創作や絵画など、なるべくなら自分の時間を持ちたいと思う側（芸術派）とが対立し、草創期からの有力会員が、失意のうちにごっそり抜けた。折から入村するつもりでやって来た詩人の千家元麿は、呆気にとられて逃げ帰ってしまったという。

離村の理由は、ほかに家庭の事情、失恋、挫折、病気、失望と、人によりさまざま。村民の出入りの激しいのが、むしろ新しき村の特徴で、だからこそ、それに悩んだ実篤が標語を編み出したのであったろう。にもかかわらず、実篤が存命中は、新しき村の理想がゆらぐことはなかった。というより、その理想が村内・村外でしっかり共有されていたので、度重なる危機と苦難を乗り越えて来たのだといえる。ところが、問題は自活が達成され、実篤が死去したあとだ。自活達成後は、実篤の村ではなく、村の実篤となっていて、以前のように実篤の寄付に頼り切りではなくなっていたが、精神的な支柱を失った影響は小さくない。

それでも、八九年十二月二十日付朝日新聞朝刊は、「大地に根ざす現代の理想郷　開村半世紀　埼玉の『新しき村』　実篤の遺志脈々と」という見出しで、「一日の労働時間は六時間。衣食住、医療、教育費など個人の負担はなく、六十五歳以上は『自由村民』として義務労働から解放される――こんな夢のような『村』が、今年、半世紀を迎えた」として、次のようなレポートを載せているのは、まだ余光があった証拠である。

《村の一日は五万羽のニワトリと、七頭のウシの鳴き声で始まる。埼玉県の西、海抜八十メートルの毛呂山台地の底冷えは厳しい。午前七時、広い敷地内にある独立住宅のあちこちから、村の中央にある食堂に村民たちが集まってくる。……

村の財政は黒字続きだ。生活に必要な個人負担はゼロ。現金は「個人費」の名目で、大人一人当たり毎月三万円が支給される。……

地域住民との交流も活発で、九月の第三日曜は「開村祭」。バザーや特産品の即売会が人気だ。……

開村以来、交通事故や犯罪が一件もないのが自慢だ。働きバチのうえ、ローンに追いまくられる会社人間と比べると、村民たちには精神的な豊かさが感じられた。》

それからさらに八年後の様子は、アメリカ研究で知られた越智道雄の訪問記が、詳しい。長文の引用をお許し願う。

《この夏（＊一九九七年）二回続けて「新しき村」を訪ねた。……最初の訪問では、入村四十二年の会員で画家の渡辺修さんと同行したMさんの三十六年ぶりの邂逅に話が弾む様子を、妻と二人で非常に感銘を受けながら傍観した。長い村暮らしでこういう鮮烈な人間ができあがるのかと思い、非常に気持が豊かになり、こういう人間が生まれる「新しき村」に、これまで覗いたコミューンの中では一番惹きつけられた。

渡辺（＊修）さんは、風呂沸かしや食堂の掃除その他、ノルマの日課労働の合間に、二十畳は越える大きな部屋を持つ一軒家をアトリエにして、郷里鳥取県の町役場から頼まれた屏風絵の製作に余念がなかった。アトリエの壁には、近所の非会員に教えたデッサン画などが貼りめぐらされ、また日課として小型のスケッチブック片手に、スケッチを必ず四枚描くという。私より三つ上の六十三歳だが、真っ赤なポロシャツ姿で、ヨガで鍛えた体は両脚を一杯に広げて上半身前屈で顔も胸も床につく。

村のパン窯で焼いたパン（これが何ともうまい！）をはじめ、村でとれた卵、椎茸、野菜、コメ、陶器類を、車で買いにくる者が後を絶たない。パンの原料は砂糖以外はすべて自給自足、……会員の水谷さんが完全に手作りで焼く。彼は入村以前、パン作りの見習いをしていたとかで、村の製パン窯も自分で作ったという。

大食堂には大きな舞台が設えられ、……二度目の訪問では渡辺さんは次の日曜日の祭りの出し物に使う絵の準備に追われていた。それでも食堂の掃除などの日課はこなす。この食堂では、二度ともモロヘイヤその他のおかずの相伴に与った。食事が終わった後で、二、三名の女性会員らが後かたづけをしていた。

他の建物が古拙的趣を持っているのに対して、新しき村美術館はきりりと仕上がった外観を持っていた。ここで話を聞いた辻田ユリさんは夫と中年になってから入村、子供らも巣立ち、二人でここを終の住処にするという。村は一年ほど前は六十名ほどだったが、現在では三十名と半減、しかも会員の老齢化が著しい。一番若いのが男子高校生で、会員の息子だが、残るかどうかは未定。

機関誌『新しき村』(大正七年創刊)の編集者・Yさん(*原文は固有名詞)の話では、子供らはほとんど村の奨学金で学校や大学にいくが、まず戻ってこない。奨学金は返済する。渡辺さんの子供さんも村外で暮らしている。Yさんによれば、村外の学校へいった村の子供らは、村外の生徒らの豊かな暮らしに劣等感を抱き、村へ彼らを呼ぶのをためらう。「村のよさが分かるのは村を出てからですよ。社会を知って初めて分かる」。では村に戻ってきた者はいるのか? と聞くと、それはゼロだという。それでも職業はデザイナーとか、宮仕え型でないものが多い。夏休みに子供を村の祖父母に預ける者は多いらしい。

会員が減ったので住宅はたくさん空いており、渡辺さんのアトリエのように、会員は古い順に好きな建物を選んで住んでいる。渡辺さんの住まいは、アトリエとは別である。

食堂入口脇の小部屋に詰めている初老の男性(お名前を聞きそびれた)が、電話番、会計、村の実務全般を掌握している。三十名が大食堂で一堂に会するのは、月半ばの十五日の諸問題の検討会、月末の報告会だけだという。

最初の訪問で、私たちはヤマギシ会の豊里実顕地ほど大規模ではないものの、相当数の鶏舎が空き家になっている光景と、おびただしい椎茸栽培の木組を見かけた。卵の値下がりが原因だが、Yさんの話では、卵が生産量では依然トップ、彼が担当する椎茸栽培が二番目(原木一万六千本)だという。椎茸はY夫妻と、新入会員二名でやっている。Yさんの話では、会員は朝日とかNHKの大手メディアが村のことをとりあげると、ばらばらに十名前後やってくる。コミューンに惹かれるだけに、総体的に脱都会、農業指向なのだが、求めることが強すぎて、すでに生活のペースを確立した既成会員との齟齬から行き詰まり、平均五年ほどで出ていく。「出ていく者はとめない」と、Yさんは何の気負いもなくいった。「入るときの動機が、出ていくときの動機になる。解決できることはそんなに多くはないですよ」。

会員の離村は、「何度も経験し、起きることはみんな起こってしまった気がしている」とYさん。「それでも明日五人、十人とやってくるかもしれないので、受入れ態勢を確保するために、蓄えをはたいて部屋増やしたり、仕事増やしたのに……」。理事のSさんの話だと、会員が十人になった時期もあったが、自前の土地と生産設備があるので自活に不安はなかったという。Yさんも、「買わなきゃならないものがないんですから」といった。この自信が、あくせく村の拡大を図ろうとする焦りから会員を救っている。この点はヤマギシ会とは画然たる違いがある。

村の思想的中核である実篤の作品にしても、読む会はあるが、聖書や主体(チュチェ)思想などの聖典を読むようにはいかない、とYさんは苦笑した。農作業には何の役にも立たないのだ。「すべて個人が主体なので、実篤の勉強しても、その人にしか返ってこない」とYさんが笑った。》（「高度管理社会とコミューン⑤」）

画家の渡辺修さんは、カレーライスを箸で食べる個性派。渡辺渡舟の名で、各種展覧会の賞を総なめにし、プロ級の腕前だった。風呂掃除をしている最中に、心臓麻痺で急死したのが惜しまれる。お嬢さんが、最近アトリエを修築したことはのちに述べる。ヤマギシ会との違いもこの通りで、これが他の共同体にはない新しき村の良さであった。しかし、外部の一訪問者の優しい目に「自信」と映ったことが、じつはそっくり停滞と無為無策を意味していたのである。

Ⅱ　しのび寄る破局

1　世界の底が抜けた

三十年続いた平成が、終わった。表面は平和だったが、発展したのはＩＴ化とグローバリゼイションのみ、大災害と経済の停滞ばかりが目立った。令和に入ってからは、トランプやプーチン、習近平、金正恩の登場で、防衛や安全保障も怪しくなった。北朝鮮による核ミサイルの脅威、台湾海峡の緊張、ロシア軍のウクライナ侵攻……。戦争の脅威が現実のものとなるなかで、新型コロナウイルスの世界的な蔓延は、たちまち私たちの社会を、人と人とを、分断してしまった。

過ぎ去った昭和はもはやノスタルジーでしかなく、先の戦争の痛ましい記憶もとっくに風化してしまった。険悪な国際関係や、八方ふさがりの国内事情も、どこ吹く風。これが民衆の強さの証明であるなら結構なことだが、誰もそうは思っていない。経済の行き詰まりに対する不安と政治不信がつのるばかりで、何ら有効な手を打てないまま、世界はずるずると破局へ向かっている。

ＩＴ社会、ＡＩ社会の到来とあって、私たちは情報洪水の海に溺れかかっている。テレビ、新聞、雑誌、ＳＮＳ、スマホ。だが、そのなかに、いったい何ほどの真実があるというのだろう。私たちが発する言葉にしても、同じである。どこまで、本当のことが言えて、それが相手に伝わっているだろうか。しっかり受けとめ、向きあってもらえているだろうか。

なかでも恐ろしいのは、情報を管理する側から、始終監視され、意のままに操作されかねなくなってしまっていることである。これが専制国家や全体主義国家でのことならまだしも、自由主義、民主主義を誇る国にしてそうなのだから、逃れる先はない。

上位一％の超富裕層が、世界の富の四割近くを独占する、この極端に歪（いびつ）な格差社会。世界の底が抜けてしまったのである。ハムレットの台詞ではないが、世の中の関節がはずれてしまった。

見ているようで、私たちは他人も自分も、身の回りも、世界も、何も見ていない。見えていない。ウィズ・コロナ？　オンライン教育？　マイナンバー・カード？　尖閣諸島？　台湾有事？　核基地先制攻撃？　憲法改正？　こうしているうちにも、内外ともに世の中はどんどん劣化し、悪化していく。

だが、一方でこの醜悪で腐りきった社会への抗議から、人々の団結や共同を安易に性急に求めることは、ファシズムや全体主義に陥る罠であることも、私たちは嫌というほど学んでいる。貧困にあえぐ農民を無視し弾圧する、私利私欲にまみれた財界や政治家、軍部に天誅をくだそうと決起した二・二六事件の青年将校や、若きテロリストの心情に同情はできても、その行動はむしろ、さらに悪質な軍部の登場につながり、その後の歴史を大きく歪める結果になってしまった。

戦争熱にあおられ、浮かれた、私たち草の根の民の無知と責任は大きい。先の戦争で国内外に厖大な犠牲者をだしたのがそうだし、何も決められないワイマール体制下、民主主義にうんざりしたドイツの市民が、ヒットラーの登場をもろ手を挙げて歓迎したのも、そうだ。ユダヤ人大虐殺の罪は、永久に消えないだろう。

プーチンのロシアは、国民に向かってウクライナ側のナチズムを口実に侵攻を正当化しようとした。ウクライナはウクライナで、家族をポーランドに避難させた兵士が、死を覚悟で自国の防衛に戻るのを美談としている。日本の政治家やメディアは、だからわが国も国防を強化しなければならないと脅しをかける。どこかおかしくはないだろうか。

2　時代は一巡した。新型コロナ禍は百年前のスペイン風邪の再来だ

二〇二〇年一月、中国武漢市を発生源に始まったこの度の新型コロナウイルスの世界的な蔓延は、百年前、第一次世界大戦のさなかに発生したスペイン風邪の再来であった。歴史人口学者の速水融が著した、『日本を襲ったスペイン・インフルエンザ――人類とウイルスの第一次世界戦争』によると、大正七年（一九一八）と大正九年（一九二〇）に内地だけで、合わせて約一五〇万人の死者を出したという（三八万五〇〇〇人との官庁統計は間違い）。

同著は、流行のさなか、与謝野晶子が「横浜貿易新報」に「死の恐怖」と題するエッセイを寄せ、また「東京朝日新聞」が「島村抱月氏逝く　流行性感冒に罹り芸術座倶楽部の二階にて病勢急変して須磨子初め座員臨終の間に合わず」の見出しで報道したことを紹介しているが、武者小路実篤の愛読者なら、婚約者同然の夏子を日本に置いてヨーロッパに出かけた主人公が、帰途、船中で彼女のインフルエンザによる急死を知らされて号泣する、『愛と死』のラスト近くのシーンを思い起こさずにはいられまい。

実篤が宮崎県日向に新しき村を創設した一九一八年（大正七）は、第一次世界大戦の末期で、前年ソヴィエトで初の社会主義国家が成立していた。八月、軍部はシベリアに出兵し、同月、米価高騰のため、富山県でコメ騒動が勃発、以後、一道、三府、三十二県に波及した。スペイン風邪が上陸したのは、この年十月。新しき村が誕生したのは、翌十一月である。

まさに百年経って、時代は一巡した。内外とも、多事多難。国内ではテロや暴動や戦争こそ、いまだ現実になっていないとはいえ、中国、ロシア、北朝鮮と、核兵器を保有してわが国に敵対する専制国家と向かい合うなかで、安全保障や防衛の面ではアメリカに頼るほかは何ら有効な手段を持たない今日の事態は、もっと深刻かもしれない。

といって、もっぱら軍備の増強に走ればいいというわけのものではない。国際連合が無力なことは、小学生でも知っている。極端な言い方をすれば、結局のところ、どの国であれ、為政者は国民を自国の利益のために奉仕する者としか考えていない。国民が国家をつくりあげたはずなのに、その国家は国民に奉仕を要求し、法の名のもとに力づくで動員をかける。自由主義諸国であれ、専制主義諸国であれ、与党であれ、野党であれ、国益、国益の合唱は、私には不気味に思えてならない。

スペイン・インフルエンザ時と違い、新型コロナウイルスの正体は押さえられた。けれども、変異株が発生するメカニズムや対症法には未知の部分が多く残されていて、蔓延するスピードも、社会・経済に与える被害や死亡者数も、桁違いである。私事に渡るが、わが家でも一家三人が感染して自宅療養を強いられ、ずいぶん心細い思いをした。

人の流れが途絶え、交通が麻痺すれば、たちまち人々の生活も、世の中の社会的経済的活動も停止する。職場や教育の現場、介護や保育の現場も寸断されてしまった。オンラインでは、断片的な知識や情報の交換はできても、心の交流までは不十分なのである。人と人とが常に顔を合わせ、直接に心を通わせることがいかに大切であるか、今回ほど強く思い知らされたことはない。
第一六六回の芥川賞受賞作、砂川文次氏の『ブラックボックス』は、自転車便メッセンジャーの若者の心の鬱屈、怒りが渦巻いていて、息苦しいほどだった。読みながら、私は百年前、スペイン風邪上陸時に、職場を失い、学問を諦めた人々が、全国各地から新しき村創設のことを知って、続々集まったであろうことを思わざるを得なかった。村はそうした人たちと共に、大きく育っていったのである。

3　新しき村はいつから理想を失い、形骸化してしまったか

実篤没後の村について前述したが、実篤存命中でさえ、村民の危機感のなさを指摘する声があった。前著で引いた、本多秋五（『「白樺」派の文学』『物語戦後文学史』ほかで知られる文芸評論家）の「「新しき村」私見」である。

《武者小路さんの教えの第一義、その第一条は、「自己を生かす」ということです。自己を本当に生かした人には、おのずから他とことなる個性がにじみ出る、それがまた人間の面白さだ、というのが武者小路さんの考えです。自己を生かして、個性が明瞭にあらわれるにいたった人は、師の教えに叛（そむ）くかも知れません。叛かないまでも、師の教えを自分流にとらえ直さずにはやまないだろうと思います。出来上がった師の道を学ぶだけでなく、師が学んだところを学ぶ態度から再出発して、五十年前に師が運動をはじめた当時とは隔世の感ある今日の社会で、師の精神を新しく生き生きと発展させるにはどうしたら

いいかと、情熱的に考えねばやまないだろうと思います。そこに懐疑や苦悶があるはずだと思います。ところが私の知るかぎり、そういう人が見当らないのは、「自己を生かす」という師の教えを実は本気で受取っていないことになるのではないか。》（《この道》一九六八年八月号）

そして、二〇〇二年五月号の《新しき村》には、村外会員からの、こんな投稿も載っている。

《昭和六十年から平成に掛けては若い人を育てると云う機会が有りながらも充分でなく、守勢に入りただ誇り高き村のプライドが許さず、精神昂揚の為にいい加減な者達と妥協を許さず、自分達だけで運営すれば村は充分に存続すると錯覚したのではなかろうか、その誤った考えが今日の村の在り方では無かろうかと危惧するものである。

マンネリ化した心の油断が改革の時期を失い、言葉すら失った。羅針盤を失った巨大母艦は彷徨し始めたと云っても決して過言では無い。》

つまり、皮肉なことに、渡辺貫二が村の経営基盤を固めようと躍起になっていたあいだに、村民は徐々にその体質まで変わっていってしまったようなのである。

実篤師がいなくなって、それがいっそう進んだのは当然で、村外の有力な長老会員も次々物故するにつれ、村内で暮らす人間には、村は自分たちで保っているという驕りさえ生じたのであろう。

そして、その後に美術館や幼稚園、生活文化館、大愛堂（納骨堂）が完成したとき、関係者はそれを完成体と錯覚してしまったのではないか。そう思ったとき、あとはそこに安住することしか考えなくなる。

いつのまにか、初期の理想は忘れられ、当面の目標を失うのと併行して、じわじわと形骸化が進行していく。

村内の会員も、村外の会員も、それまでとは様子が変ってしまった。村外会員は、年に一度の労働祭や創立記念祭に村を訪問するぐらいで、東京支部の新村堂に集まるメンバーも、長老（私の父はその一人）を中心に固定してしまった。長老が他界してからは、村内から参加する者は稀で、村外会員との距離は広がるばかり。形骸化したあげく、私物化、寄生化が始まる。それが、今日の閉鎖性、独善性につながる。しかも、結果的に今日までそれを許してきたのが、私たち村外会員なのであった。

新しき村の理想がどこへ行ってしまったかについては、後段で論じる。それは措いて、村の土地や財産に限っても、それが私有のものなら、私たち村外の人間が口出しすべきことでも、口出し出来ることでもない。

しかし、新しき村は武者小路実篤をはじめ、歴代の村内・村外の会員が一世紀かけて築き上げた共有のものである。最後まで村に残った高齢の会員が、余生を終の棲家で静かに過ごしたいと思う気持は十分理解できるし、尊重したいけれど、ことここに至っても、私たちもの言う村外会員を一方的に排除することが許されていいものだろうか。

4　新しき村が衰退した真の理由

新しき村の衰退は、次頁の図表に如実に示されている。総収入額の減少は、生産量の減少によるものだし、村内会員数の減少は、村民の超高齢化と死去による。だが、これは表面に現れた数字で、こうした数字となって現れる背景と真の理由を突き止めることが重要で、それを総括しないことには、未来の展望も開けない。

総収入の減少は、会員の減少による労働力不足とも連動しているが、直接の理由は農業の不振、とりわけ一時は躍進の原動力だった養鶏事業の衰微、廃止が響いている。

養鶏事業が高収益を生むようになったのは、バタリー飼育に切り替えてからである。鶏を放し飼いにするのではなく、狭い檻に閉じ込めて機械的に人工の餌を与えるその方式は、村の精神に反すると反対する者も多かったなかで、村が自活するにはそれしかないと、渡辺貫二（黒澤明監督の「生きる」の主人公〔志村喬〕は、都庁出身のこの渡辺がモデルとの説がある。黒澤の盟友であった脚本家の小国英雄は、少年時代からの有力な村外会員）が押し通したからであった。それが、折からの高度経済成長の波にも乗って、当たった。

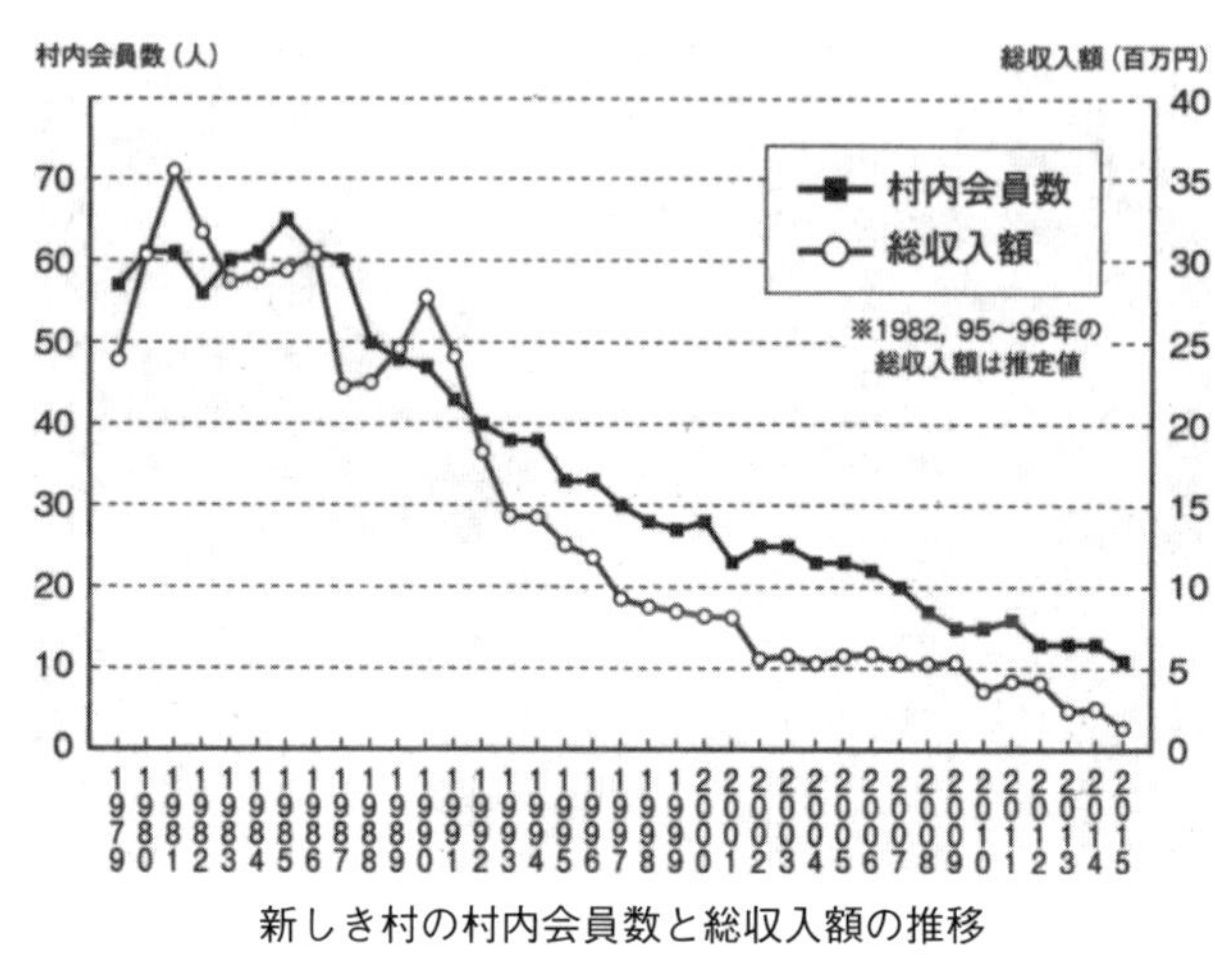

新しき村の村内会員数と総収入額の推移

ところが、世の中が不況に転じると、方々でマイナス面が現れた。利に敏い企業が進出した結果、生産は過剰になり、卵価が低迷する。エサ代が高騰する。各地で発生した鳥インフルエンザの影響も及んだ。村の収入源は、農業収入が、稲作、養鶏、鶏糞、椎茸、製茶、果樹、野菜、竹製品等で、これに美術館収入、新村堂家賃収入、貸倉庫収入、村外会員からの臨時寄付収入などが加わる。農業収入は、どれも年々規模を縮小（人員減のため）して生産が減った結果、減少の一途をたどり、二〇一五年には養鶏から撤退して、その分は太陽光発電（二〇一〇年導入）に頼らざるを得なくなった。その太陽光発電も、いまだに投資資金を回収するのに遠く、二〇一九年十一月以後、太陽光パネル導入後十年間に限定して実施された国によるＦＩＴ（再生可能エネルギー固定価格買取制度）が順次終了となり、売電価格はその年の一般売価となるため、一ｋＷｈ＠四十八円だった固定価格は現在四分の一以下の＠十一円となっている。二〇二二年からは椎茸も廃止。当面、村内会員三名では、万事休すだ。

　他方、会員の減少は、村民の超高齢化、死去と、若い人の入村が皆無に近いことの結果である。なかでも深刻なのが、後継者不足である。渡辺理事長のあとを継いだＪ兄は二十年も前に、その危惧を、こう述べていた。

《村の将来を思うとき、一番の気掛かりは後継者のことである。村内に若い人々が入って来なければ、いかに精神は気高くとも一時的にもせよ村造りを中断するより仕方がなくなる。新しき村は自覚者たちの集まりで、相応の人々が次々と馳せ参じてくると思われていたが、実情はさにあらず、今後の見通しは多難なものと見て間違いないだろう。……新しき村を思うと、心ある若者への待望は久しいが、自らの手で育てようとしたことは、僅かに「仲よし幼稚園」で行ったくらいで、閉園後は全く実施していないし、村に生れ育った子供達も皆外へ出て行ってしまっている。教える、教えられるのは随分難しい事だが、この事が今後の課題となるのではなかろうかと言う気持ちが私の中に起こっている。》（《新しき村》一九九八年二月号）

　今から五年ほど前、私が村を訪ねた折、久々に若い人を見かけたので、声をかけ、何がきっかけで村で生活するようになったか訊ねると、トルストイを読んで目が覚めた。武者小路実篤と新しき村のことは、その後に知ったとのことで、なるほど今どきの青年にはこうした人もいるのかと感心し、頼もしくも思ったものだった。ところが、その彼も、どういう事情があったか知らないが、まもなく離村している。

日向の村の時代は、実篤を除くと、主力は二十代で、村内で出会った男女が結婚するケースが多々あった。村はそうした出会いの場所でもあったのである。けれども、現在の村のように、まわりが老人（一番若い人で四十六歳）ばかりでは、そうしたことは考えられないし、話だって合わないだろう。一生独身で通すならともかく、このままでは村で埋もれてしまうと不安に駆られた結果だったかもしれない。

新たな事業を起こそうにも、資金がないし、かつてのようには大口の寄付を期待できない。それに追い打ちをかけたのが、公益財団法人法の改正（二〇〇八年）である。結果、村は唯一公益目的であると認められた新しき村美術館の入場料収入が全体の収益の五〇％に満たないことから、公益財団法人の資格を失った。それで、やむをえず一般財団法人へと移行するのだが、同法人へ移行するには早期に収益が見込める新たな事業を立ち上げなくてはならないとのことで、太陽光発電の導入に踏み切った。

ところが、結果的にこれが裏目に出て、二〇一九年十一月以後（「新しき村」においては二〇二〇年六月以後）予告通り順次ＦＩＴが終了。結果として売電価格は導入時の四分の一以下の＠十一円となり、今後さらに漸減を余儀なくされるはずである。いまだ一億五〇〇〇万円（第一期工事総額八六〇〇万円、第二期工事総額六五〇〇万円＝キチジ兄作成資料による）ものなけなしの投資資金の全額を回収できないばかりか、先人の汗の結晶である財産を使い果たして、今日の財政逼迫の最大要因となってしまったのだった。

そもそも、新しき村の創立精神と存在、運営のありかたと、国のいう一般財団法人とは、水と油である。

村は理想社会をつくろうとする運動体、組織体で、営利が目的ではない。上下の関係はなく、雇用者・使用人という関係も存在しない。言うなれば、全員が雇用者であり使用人である。理事・監事・評議員の役員も、法的な対応として取られた形式上の名目に過ぎない。また、新しき村の労働も、めいめいの意志によって働くことを義務づけた義務労働で、報酬や給与とは別物である。

つまり、いままでは個人費として計上されていたものが、雇用・使用の関係で処理され、報酬・給与という呼称を導入しなくてはならなくなったし、これとは逆に住居や食事などは個人が支払うべきものとされたのである。これは、予算書や決算書、定款など、書類上の処理変更でのみ済む問題ではない。

結果的に、国や地方自治体、監督官庁は、村の根幹、存在そのものを認めないのと同然であって、私に言わせれば、村の息の根を止めたに等しいのである。泡を食った村は、すべてをキチジ兄に丸投げしたまま、なけなしの金を使ってしまった。まずは、自分たちで、どう対処すべきかよく考えなくてはならないし、わからないことであれば、信頼のおける専門家の知恵を借りるべきだったろう。

結果論かもしれないが、遅くとも一九八〇年には、衰亡を防ぐ手を打たねばならなかったのである。けれども、新しき村の事業計画書には、毎年、判を押したように前年を踏襲したことしか書かれていない。収支を改善するには、生産力をあげるしかなく、そのためには人員を増やすしかないのに、入村希望者がいても、かえって持ち出しになると、追い返してしまう。理事会や評議員会は、いったい何をしていたのかと、呆れるばかりである。

結局、四十年ものあいだ、太陽光発電の導入に飛びついた以外は（これなら、自分たちは働かないでも、収入が得られる）、ただ手をこまねいていたわけで、どうしてそんなことが可能だったかと言えば、養鶏が当たって年々収入が増えていたときの預金がまだ残っていたからで、村民は先人が汗水流して蓄えたその金を、自分たちが生活するだけのために、横流ししてきたのである。

以上は村の経営に関してのことだが、私はそれを、前著では、主に少子高齢化とバブルの崩壊という面から、村はその最大の被害者であると同情したのは、まことに甘かったと悔いている。

それは、外的な要因も無視できないとはいえ、真の衰退は、頽落は、村民が新しき村の理想を失い、向上心を忘れ、ことなかれ主義に陥ったとき、すでに始まっていた。その点は、村外の会員も同罪である。このままではいけないという危機意識に欠け、ひたすら村民に寄り添うことが、村外の会員のつとめであると錯覚して、何ら有効な助言をおこなえなかった。三月、十二月に行われる年二回の定例の評議員会・会員大会も、毎年判を押したような報告と議決だけで、典型的なシャンシャン大会だった。

私が村に通うようになって、何度か挙手し、村の財政の改善策や、新たな事業の取り組みについて問いただしても、村には村のやり方があるのでとつぶやくだけで、責任ある答えが返ってきたためしはなかった。雑誌の《新しき村》を見ても、毎号同じ顔触れが、同じような感想を綴るのみ。巻頭に載る実篤の言葉や、裏表紙の「新しき村の精神」は、隠れ蓑に過ぎないのであった。つまり、経営以前に、肝心の理想を失い、たんなる生活の場になってしまったことに、衰退の根本原因があった。

あえて悲しいことをもう一つ、付け加えておく。それは前著を書くので、話を聞いたときにはまだお元気だった村内会員の女性が、高齢で亡くなると、それまで長期滞在者の扱いで母親と暮らしていたTさん(仲よし幼稚園出身)を、村から追い出してしまったことだ。

Tさんは、若い時は税理士の資格を取得したくらいで、学力は優秀だった。ところが、精神に障害が出て引き籠りとなり、村では風呂場の掃除を担当していた。お母さんが亡くなったときにお悔やみを言い、「でも、村の人が親切にしてくれるから心配いらないですよね」と語りかけると、複雑な表情をしていたことを忘れない。個人的な事情もあったのかもしれないが、いったい、Tさんは、いまごろ、どこでどうしているだろう。

5　無縁社会

町で出会う人間に輝きが感じられなくなって久しい。もう四十年ほど前になるが、初めてヨーロッパへの旅に出て、成田空港からの帰途、通勤電車に乗り合わせた勤め帰りのサラリーマンの表情が、男も女も、他国と比べると一様に暗く険しいのに驚いたことがあった。いま思うと、その頃から人々は生活に疲れを覚え、会社や組織のためにのみ働かされることにうんざりし始めていたのだろう。

いまや全雇用者の三分の一が、非正規というありさま。企業は、いつでも雇用者を使い捨てにできる仕組みが出来上がってしまった。せっかく大学を卒業しても、多くは非正規採用で、たとえ自分が望む企業に就職できたとしても、安泰でいられない。将来が不安なだけでなく、結婚すらできない男女が続出している。

親方日の丸、終身雇用の時代は、終わった。雇う側のシステムと管理は徹底していて、誰とでも交換可能な仕事しか与えないから、自分の能力を発揮することも、磨くこともできない。まして仕事の喜びはなく、労働の共同性もないから、仲間意識が生まれない。職場から解放されたときが、唯一自分の自由になる時間だが、ゆきずりの他人とのその場かぎりの付き合いだから、親しい友人もできない。

都市全体が疲弊し、一部の支配層、富裕層以外は、ほとんど絶望している。二〇〇八年六月、秋葉原で起きた無差別殺傷事件は、こうした東京砂漠で発生した。高学歴の若者がオウム真理教に入団し、地下鉄サリン事件を引き起こしたのもそうだ。社会の側に、彼らの不安と孤独を優しく受けとめる仕組みが用意されていれば、ああはならなかったろう。犯行に及んだ青年たちの絶望と無力感、故なき殺意は、多くの若者が潜在的に共有している。それにしても、怨恨でも報復でもなくて、無差別に人を殺さないでいられなくなるとは、何としたことだろう。

それは低年齢層にも及んでいる。イジメと引きこもり、不登校。金属バット殺人事件や宮崎勤事件、酒鬼薔薇事件は氷山の一角で、その病理の根は深い。共通しているのは、親からも家族からも友人からも見放されて、どこにも自分の居場所がないことである。希望のない日本にいるよりましだとして、イスラム国やウクライナでの戦闘に加わろうとした青年が少なからずいたとの報道に、私は震撼した。

家族の崩壊も深刻だ。妻が夫からの独立を望み、家計の不足を補おうとした結果は、パートに追われて、わが子に目を注ぐ余裕すらなくなった。離婚の急増は、当人たちだけではなくて、子どもたちの心を深く傷つけている。

絶望しているのは、若者や子どもたちだけではない。二〇一〇年一月に放映された、NHKスペシャル「無縁社会〜〝無縁死〟三万二千人の衝撃」は文字通り衝撃で、無縁死、無縁社会は流行語にもなった。同取材班編著による同名の単行本は、その後も家族や地域、会社でつながりが薄れているなかで起きている「働き盛りのひきこもり」や「児童放置」、「呼び寄せ高齢者」などの問題を追求したNHKの諸番組を合わせて一本にまとめたものだが、そのあとがきはこう書かれていた。

《すさまじい勢いで進む高齢化、雇用と家族の崩壊。私たちは二〇〇九年から「無縁社会」という切り口で取材を進めてきたが、今回の事態は我々取材者の想像をはるかにしのぐ勢いで、深刻な現実が水面下で進行していることを改めて思い知らされた出来事だった。

「〝ミイラ化〟〝白骨化〟して発見」という事態に至って、初めて表面化した今回の問題。「自分の親がいなくなっても探さない」、「葬式も出さない」という、一見理解できない猟奇的な事件。しかし、取材にあたった記者やディレクターが丹念に地どり取材を重ね、家族の軌跡をたどっていくと、それは単なる高齢者失踪問題だけではすまされない実態が浮き彫りになってきた。

それは「血縁の希薄さ」、「雇用の悪化」、「地域のつながりの喪失」といったものが、さらに「家族」という社会の最小単位そのものを孤立させていたという、やりきれない現実だった。決して他人ごとではない、誰にでも起こりうる事態が、〝無縁社会〟の広がりの中で進行していた一事象であったのだ。》

二〇一一年三月十一日の東日本大震災と、続く原発事故のことは、言うまい。同年十月、「やま　かわ　うみ」という雑誌の企画で、私は民俗学者の谷川健一に長時間のインタビューをしたが、そのなかでこういうやりとりをしている。

《――先ほど、他界では死者も生者も共存していて、それが救いになるんだとおっしゃいました。そのことに関連して申し上げると、私が今度の災害で一番ショックだったのは、南相馬の九十三歳になる女性が、避難避難であちこちに行かされて、ようやく家族と一緒に自分の住んでいたところに戻ったのに、原発事故はおさまらないし、これからどうなるかわからない。また避難しなくてはならないことになっては、もうこれ以上は迷惑をかけるわけにいかないから、「お墓に避難します」という遺書を家族に残して、自ら命を絶ったという毎日新聞の記事でした。これは衝撃だったですね。そして、こういう時に、死のうとしているお婆さんに、民俗学は何と声をかけてあげられるか、それが今問われているのだと思いました。
谷川　東北の被災者は、自分の家族や親族が津波に流されても、人間の誇り、気高さを持っている。死者と生者が共存する世界観が無意識にあればこそ、毅然としていられるのではないかという気もする。（中略）そういうような死者に対する身近さ、やさしさ、親近感、いわば循環的な世界観を古代人は持っていた。ここらへんは救いになるんじゃないか。外国人だったら、叫んだり怒号したり、取り乱すでしょう。日本人は取り乱さない。》

新しき村の創設者武者小路実篤が、私の仰ぎ見る先師であるのは言うまでもないが、柳田國男、折口信夫が創始した日本民俗学を正統に受け継いで、その足りないところを開拓した谷川健一も、私にとってかけがえのない恩人である。その晩年、担当の編集者として宮古島での取材その他に同行するうち、見様見真似で、定年退職後はこの私自身が、なんと在野の一民俗学徒に転身してしまった。

谷川健一の弟が詩人の谷川雁で、私はこの二人が立場こそ違え、ともにいと小さき者への共感を大切にして、著作のみならず、組織者として運動家として、戦後急速に見失われてしまった共同性の回復に努めたとして、『谷川健一と谷川雁　精神の空洞化に抗して』（冨山房インターナショナル）を著したばかりである。

一方は「日本地名研究所」や「宮古島の神と森を考える会」を設立して、失われていく貴重な地名や民俗の保護に尽力し、他方は「サークル村」や「大正炭坑闘争」、さらには「六十年安保闘争」の指導者として、あるいは「ラボ国際交流センター」でのラボ・テープの製作や「ものがたり文化の会」における宮澤賢治・人体交響劇を通して、多くの仲間を組織して実践活動に取り組んだ。ラボ・パーティに参加したラボっ子という子どもたちの中からは、宇宙飛行士の若田光一氏、シンガーソングライターの宮沢和史氏、『デフレの正体』や『里山資本主義』の著者として知られる日本総研の藻谷浩介氏らが育っていった。

最後の戦中派である二人は、他の進歩的知識人と違い、お仕着せの民主主義に抗い、精神の空洞化に抗って、あっちへぶつかりこっちへぶつかりしながら、少数派の道を歩んだ。不器用で馬鹿正直。けれども、二十一世紀を迎えて残ったのは、結局、負の前衛であるこの二人だった。私が幾度か挫けそうになりながら、何とかして新しき村を再生し、継承発展させたいと願ったのも、及ばずながら両者に見習いたいと思ったからである。

Ⅲ　変貌する首都圏

1　農山村に向かう若者たち

競争社会の第一線に立たされていた団塊の世代のあいだで、都市生活への疑問から、定年後の帰農や農村回帰の現象が見られ、Uターン、Iターンが話題になったことがあった。その流れは、リーマン・ショックや東日本大震災以降、加速しており、いまでは二十〜四十代の希望者も増えていると聞く。若者の流失や高齢化で、過疎に苦しむ自治体のなかには、受け入れのために、空き家情報や後継者のいない農地を紹介するなど、さまざまな便宜を提供しているところもある。食の安全への関心が高まり、自然豊かな土地で無農薬農業を実践しようという若者も出てきた。

私の知り合いの編集者は、息子さんが山梨県北杜市明野に土地を求めて、無農薬農業を始めたので、定年後東京での生活をたたんで、一家でそちらに移住した。介護その他、福祉を一生の仕事にと思って就業したのに、あまりの給料の安さに結婚もできないと、途方に暮れている真面目な青年もいる。

コロナ禍を契機に、一家で「低密」な淡路島に移住したフリーの記者も現われた。『東京を捨てる　コロナ移住のリアル』の著者澤田晃宏氏がそうで、リモート・ワークのせいで、仕事に格別不都合はないという。東京有楽町駅前の交通会館八階にある「ふるさと回帰支援センター」には四十一道府県二市の相談窓口が開設され、各自治体から出向した専属相談員らが移住希望者の相談にあたっていて、利用者でにぎわっているとのことである。

わが国の総人口は三三三〇万人だった明治元年より右肩上がりとなり、終戦時には七一九九万人、そして二〇〇四年（平成一六）には、一億二七八四万人（高齢化率一九・六％）とピークに達し、以後、急転直下、減少へと転じた。

一方、農山村、中山間離島地域からの人口流失、土地や村の空洞化が始まったのはそれより早く、「過疎」という言葉が登場したのは、一九六六年のことだった。六〇年代の高度経済成長政策がもたらした結果で、東京への一極集中はその現われであった。

ところが、その東京は二〇二〇年の一三三五万人がピークで、翌二一年に初めて減少に転じた。疫病蔓延の影響もあろうが、二一〇〇年には半数になると予測されている。そして、このまま出生率が回復しなければ、高齢者人口は、二〇五〇年までのあいだに約六割増えて、二一〇〇年には四六％に達し、後期高齢者が三人に一人の割合になるという。その意味で、東京に先駆けて始まった農山村、中山間離島地域の過疎化と、その後の人口動向は、今後の都市の運命をも予告しているといえよう。

私の住む東京杉並でも、老朽化した空き家が、あちこちで目につく。親が高齢化したり、死亡したりしても、他出した子どもが、後を継がない。相続税の関係で、更地にもできないのだろう。

では、その子どもたち、若い世代の人間がどこに転出しているかというと、近隣の県、さいたま市や、川越市、加えて、新しき村にほど近い埼玉県北西部（坂戸市、入間市）も人気が高いというのである（三浦展著『東京は郊外から消えていく！　首都圏高齢化・未婚化・空き家地図』『東京郊外の生存競争が始まった！静かな住宅地から仕事と娯楽のある都市へ』）。

そのわけは、二〇〇八年六月、地下鉄副都心線が全線開通し、西武池袋線、東上線に乗り入れて、池袋や新宿、渋谷へ一時間そこそこで行けるようになったからとのこと。地価が安く、通勤に便利なだけでなく、子育てのための環境や施設にも恵まれている。いまや近隣の県で、首都の郊外化が現実のものとなってきているのだ。

けれども、多摩ニュータウンなどの例もあるように、地域が活性化するためには、人口が増え、ベッドタウンとなるだけでは不足である。住民の高齢化が進めば、いずれ空き家となる。埼玉県の場合は、それぞれの自治体が勤務先や子育て、教育、福祉、文化等の面で、大いに努力したからこそだった。

新しき村のある埼玉県入間郡毛呂山町は、県の南西部の丘陵地帯に位置し、中央部をＪＲ八高（はちこう）線と東武越生（おごせ）線が走る。一九五九年、武州長瀬駅近くに武蔵野霊園が開園したのと合わせて、新しき村に隣接する長瀬団地の造成が始まり、九七年からはガーデンシティ目白台の開発が行われている。農業用灌漑貯水池である鎌北湖から飯能市の天覧山まで奥武蔵自然歩道が伸び、ユズをはじめとする果樹園や畑が多く、自然環境に恵まれていることから、都会からの観光客がハイキングなどに訪れている。ユズ栽培は日本最古ともいわれ、名産品になっている。首都圏からのアクセスがよく、地形が適していたことから、ゴルフ場も多く開発されている。

『毛呂山町勢要覧』を見ると、里山、清流が売りで、表紙は「新しき、住みやすき町　毛呂山」となっている。滝ノ入ローズガーデン、ゆずの里オートキャンプ場、農産物加工センター、地域包括支援センター、老人福祉センター、シルバー人材センター、歴史民俗資料館など、施設も整っていて、小学校では農業体験実習が行われる。春夏秋冬、季節ごとにイヴェントがあり、毎年十月には町内十二キロを歩く、国保生き生きウォーキング大会が開かれる。何よりの強みは、新しき村のすぐそばに、埼玉医科大学国際医療センターがあって、高度の医療が受けられることである。同センターはチベット難民を受け入れたことで、チベットとの交流が深い。一九六七年、インドに亡命中のダライ・ラマが、毛呂山病院に来院時、新しき村に立ち寄ったことがあった。

二〇二一年現在、毛呂山町の人口は約三万五千人。一九七〇年〜九〇年に、一万一千人から三倍に急増、二十歳代前半人口が突出しているのは、町内の医科大学と医療系専門学校、および近接する坂戸市内の東京国際大学へ通学する学生が転入しているためである。

ちなみに、この東京国際大学は海外からの留学生を積極的に受け入れていることで有名で、英語教育、スポーツ教育で実績をあげている。箱根駅伝、天皇杯サッカー出場の常連校で、ウエイトリフティング、硬式野球、女子ソフトボール部の監督に、三宅義信、古葉竹識、宇津木妙子の諸氏をそろえている。

2　UターンからIターンへ

過疎の話に戻すと、二〇一四年五月、「日本創生会議」が発表した増田レポートが、各地で人口が減少し、住民が急速に高齢化していることに警鐘を鳴らし、全国八九六の「消滅可能性市町村」リストを掲げて、関係者に衝撃を与えた（増田寛也編著『地方消滅』）ことは、記憶に新しい。それを受けて、第二次安倍内閣が「地方創生」を看板に掲げて、ローカル・アベノミクスを実施したが、掛け声だけで、かえって格差は広がった。「ふるさと納税」が話題になったこともあるが、どれだけ成果があったか疑わしい。

ところが、その「消滅可能性市町村」リストで全国第一位と名指しされた群馬県南牧（なんもく）村（「二〇一〇年の総人口二四二三人、若年女性人口九十九人が、二〇四〇年には、総人口六二六人、若年女性人口十人になると推定された。若年女性人口変化率は、じつにマイナス八九・九％だった）は、地元に残った数少ない三十代、四十代の自営業者たちが中心になって、二〇一〇年に「南牧山村暮らし支援協議会」を発足させ、村の空き家を調査した結果、約百戸即入居可能なことから、その情報を役場のホームページに掲げて発信したところ、四年間で二十代から六十代まで、小学生も含めて十四世帯二十六人が移住してくるという成果をあげたのである。

「景色に一目ぼれです。この家の裏には段々畑があり、石垣が残っている。ここで農作業ができる、歴史の中に自分が入り込めると思ったら、うれしくって」（横浜出身の三十代男性）

「都会にしかないものは何もない。でも、田舎にしかないものはたくさんあるじゃないですか。夏は毎週川遊びをして、魚を獲ってバーベキューをしています。ここで働いている人たちはみんな笑顔がある。僕はここが不便とは思いません。（「緑のふるさと協力隊」に応募し、現在は社会福祉協議会で働いている、二十代の男性）

右は大江正章の「農山村と人が多様につながる――田園回帰の諸相」（『田園回帰がひらく未来』）からの引用だが、大江はまた、埼玉県内で「消滅可能性市町村」リスト第二位の埼玉県小川町（「二〇一〇年の総人口三二九一三人、若年女性人口三二四六人が、二〇四〇年には、総人口一七二二二人、若年女性人口七九一人になると推定された。若年女性人口変化率は、マイナス七五・六％だった）についても、次のように述べていた。

《小川町は有機農業で全国的に有名で、約一五〇人の有機農業者を育てた金子美登（よしのり）さんに学んだ若者たちなどが多く定住。今では彼ら自身が次世代を育てています。町役場で把握している数字では、新規就農者の七割が有機農業者です。私たちが行った調査では、「半農半Ｘ」（兼業農家）を含めて、五〇人以上が移り住んでいます。

小川町有機農業生産グループの九割はＩターン者で、彼らはすでに地域づくりに欠かせない担い手です。小規模な直売所をいくつも開設し、地元スーパーの有機野菜コーナーも担当しています。スーパーへの出荷メンバーは二六戸で、そこだけで年間一五〇万円程度の収入を上げる人もいるほどです。秋の「小川町オーガニックフェス」の中核的存在でもあります。

また、小川町には三軒の造り酒屋があり、一軒は一九八〇年代後半から金子さんの有機米を、もう一軒は二〇一一年から若いＩターン農業者の有機米を使って、純米酒を誕生させました。大豆はお豆腐屋さんと、小麦は製麺所と、さらに味噌や醤油など、近隣地域も含めて中小規模の地場産業と有機農業の連携が多様に進んでいます。これらはすべて、農協（ＪＡ）や行政の支援はまったく受けずに行われてきました。継続のポイントは、農家が再生産できる価格で買い上げていることです。》

ちなみに、新しき村の所在地で、小川町よりずっと都心寄りの毛呂山町は、同町よりも人口減少率は少なくて、二〇一〇年の総人口三九〇五四人、若年女性人口五一七九人が、二〇四〇年には、総人口三〇三九九人、若年女性人口二八二六人。若年女性人口変化率は、マイナス四五・二六％と推定されている。

農山村に向かう若者が増えていることは、早く二〇〇五年に「増刊現代農業」のムック『若者はなぜ、農山村に向かうのか』を編集した農文協論説委員会が、次のように指摘していた。

《『若者はなぜ、農山村に向かうのか』の企画・取材で若者の後を追ううち、彼らの年齢が圧倒的に三二歳前後であることに気づき、なぜそうなのかを調べてみた。そして慄然とした。日本経団連が「新時代の日本的経営――雇用ポートフォリオ」なる雇用のガイドラインを発表したのが一九九五年。まさに彼らが大学を卒業した年である。そこでは「雇用の柔軟化」として①長期蓄積能力活用型（将来の幹部候補として長期雇用が基本）②高度専門能力活用型（専門的能力を持ち、必ずしも長期雇用を前提にしない）③雇用柔軟型（有期の雇用契約で、職務に応じて柔軟に対応）と、雇用が三段階に分けられた。不況で企業の採用数が減っただけではなく、雇用の形態そのものが終身雇用・年功序列の時代から大きく変化していたのだ。連合などの労働界もそれを許容した。

こうして正社員は激減し、「安価で交換可能なパーツ労働力」として派遣・契約社員、パート・アルバイトが大幅に増加することになった。九五年以降の一〇年で、非正規雇用は五〇％も増え、いまや一五〇〇万人以上。一方、正規雇用は一〇％減少し、三五〇〇万人を割り込んだ。（……）だが、若者たちはおとなたちがつくり出したそうした状況への批判にエネルギーを割くのではなく、農山村へと向かった」》（「主張：戦後六〇年の再出発　若者はなぜ、農山村に向かうのか」）

事実、この動向は、その後「地域おこし協力隊」という制度ではずみがつき、さらに二〇一一年の東日本大震災でいっそう顕在化した。『農山村は消滅しない』（二〇一四年）の著者、小田切徳美氏は、同書の中で次のように発言する若者の言葉を紹介している。

《「あたたかい、やさしい、おいしい、うつくしい、かっこいい。そういう感情が、自分の本当に素直な心の中から湧き上がってきた。（……）考えて見れば、東京にいたときはたぶん「与える喜び」のようなものが、あまりなかったです。与えさせてもらえる場所がないというか。でも農山村では、僕が一生懸命に何かしていると、それを見て村の人が喜んでくれる。二〇代が来たのは何年ぶりという地域だと、ただいるだけで喜ばれる。そういうふうに、自分の存在を含めて何かを「与えさせてもらえる」ことが、都市に暮らしている時は少なかった気がします」》（『響き合う！　集落と若者　農山村再生・若者白書２０１１』）

かつて、都会から農山村へ若者が戻る現象は、Ｕターンと呼ばれたことがあったが、いまではそれに加えて、Ｉターンが一般化しているのである。

３　超高齢化限界集落の挑戦

大都市近郊の新しき村が、自滅寸前だというのに、山奥の、しかも大地震で甚大な被害を受けた、超高齢化限界集落から見事に立ち直ったケースもある。新潟県十日町市池谷は、山間部にある雪深い集落だが、廃村寸前の六世帯十三名から、十一世帯二十三名へと盛り返し、限界集落から脱却した。なぜ、そのようなことが可能だったのか。以下、多田朋孔・ＮＰＯ法人地域おこし著『奇跡の集落　廃村寸前「限界集落」からの再生』に拠りながら、紹介する。

直接のきっかけは二〇〇四年十月の中越大地震だが、その前に東京在住の某日本画家が山小屋を借りてアトリエにし、地元の住民と交流し、個人的な伝手でモンゴルからのホームステイを受け入れたりしていたことが、土壌にあった。

最大震度六強の激震に、集落はずたずたになった。住居をたたんで平場に降りる人も現れたが、それ以外の人は「落ち込んでいたって仕方がない」と、けなげだった。その日本画家はかねて知り合いだったNPO法人JEN（ジェン、東京新宿区）に支援を要請した。JENは世界各地で紛争や自然災害による被災民や難民を支援している団体。集落は、JENの除雪ボランティア「スノーバスターズ」を受け入れるとともに、「十日町市地域おこし実行委員会」（のち「NPO法人地域おこし」）を立ち上げた。

それまでは「自分たちの代で村はなくなってしまう」というのが暗黙の了解で、集落の存続についての話題は触れてはいけないタブーのようなものだった（新しき村でも、私たち以外はそれに近かった）のに、応援の若い人たちが訪れるようになると、村の空気が変わった。十一月の収穫祭では、皆で集落の「宝探し」マップを作った。

二〇一〇年、「集落の五年後を考える会」が開かれ、一四年には、新住民のための住宅（農山村就農研修施設）「めぶき」が建設された（当初予算一千万円の建設費用のうち五百万円はNPO法人十日町地域おこし実行委員会と集落で捻出し、残り五百万円は集落の支援者の寄付）。

同著には地域おこしを進めるうえでのポイントと、その長期的なイメージも示されている。池谷集落の例では、「外部の人でもいいから農地を継いでもらって集落を存続させたい」という共通の認識ができたことが重要だったとのこと。そうなるまでには、「強烈な危機感」があり（「危機感」だけではあきらめにつながってしまうが）、その後「外部との交流が生まれ」、結果として「集落の人たちが自分の集落に自信を持つ」ということがあった。

他方、外から人が来るには、「自然の魅力」と「集落の人たち自身の魅力」が必要で、集落の雰囲気が暗くて閉鎖的であったとしたら（近年の新しき村が、そうだ）、いくら交流を続けても、住みたいと思う人は、なかなか出てこない。そして、「住居」「仕事」「収入」があって、初めて「住みたい人」が現実に移住しやすくなる。限界集落というぐらいにまで高齢化し人口が減ってしまった集落の場合、外から移住者を受け入れ、そういう人が地域に根づいて子どもが増えていくことの積み重ねが、長期的に見て集落の存続につながるので、この一連の流れを形にすることが重要になる。

同著からは多くを学んだが、なかでも私たちが新しき村再生の運動を進めるにあたって留意しなくてはと思ったことに、（一）「なかなか話が通じない人とのコミュニケーション」と（二）「地域おこしの発展段階に応じた取り組み方」（三）「将来のヴィジョンをつくる際のポイント」の三つがある。

（一）は、双方が持っている情報をオープンにすることとあった。当然であろう。しかし、旧新しき村の場合は、逼迫した財政事情と今後の展望について、みずからが持っていなくてはならない最低の知識も情報も持っていないのであった。

（二）については、発展段階に応じて「足し算の支援」（復興支援の応援の取り組みの中で、特にコツコツ築いた積み重ねを重視するもの）と「掛け算の支援」（具体的な事業導入を伴うもので、「生産される」「売れる」という形で短期間に形になるもの）を区別し、成果を急ぐあまり途中の段階を飛ばさないよう注意が必要とのことで、次の五段階が示されていた。

①　地域おこしの関係者同士が仲良くなる。

②　小さな取り組みを行う。
③　取り組みの輪を広げる。
④　活動を組織化する。
⑤　持続可能な取り組みへと成長する。

①から③が足し算の支援、④⑤が掛け算の支援である。足し算の支援では、たとえば、高齢者の愚痴、悩み、小さな希望をていねいに聞き、「それでもこの地域で頑張りたい」という思いを掘り起こすようなプロセスとある。復興支援の場合、まずは被災した人々に寄り添う支援が重要であり、それをせずに、いきなり事業をしかけてしまうと、むしろ地域は混乱し、衰退がより加速されてしまう恐れがある。
私たちの新しき村再生の運動は、いまこの足し算の段階にあるわけで、それにつけても、「足し算の段階と掛け算の段階を峻別して、足し算の段階で掛け算をしてはならない」、「算数が教えるとおり、符号が負のときに掛け算をすれば、負の数が拡大するだけ」という忠言は、身に沁みた。

4　愛の反対は無関心

（三）の将来のヴィジョンをつくるについては、ミッション（使命）、ヴィジョン（将来像）、ヴァリュー（理念）を明確にして、関係する人としっかり共有することとある。この池谷地域の場合は、ＮＰＯ法人地域むらおこしが以下のように定めた。

ミッション＝使命

1．この法人は、十日町市内の池谷・入山集落において都会からの後継者の定住を促進し、持続可能な集落モデルを自ら体現している地域をつくり、全国に情報発信することを通じて、全国各地の過疎地の集落で農業の後継者を増やし、持続可能な生活スタイルを実現させ、都市部に対しても安心・安全な食料や再生可能エネルギーの供給を行うことで日本全体を持続可能な社会にすることに貢献することを目的とする。

2．持続可能な集落モデルとは以下のように考える。

（1）物理的に生活が成り立つ状態。

aある程度の現金収入と、b生活に必要なものの循環・自給。

（2）お互いに顔が見える関係で助け合い、安心して楽しく生活ができる状態

ヴィジョン＝将来像

1．池谷・入山を存続させる。

2．十日町を元気にする。

3．日本の過疎の成功モデルを示し日本や世界を元気にする。

ヴァリュー＝理念

1．池谷・入山地区の集落と農業の継続を実現しつつ、全国の過疎の集落が抱えている集落存続問題の成功例を示す。

2．持続可能な新しい村づくりを実践し、循環型の社会モデルを目指し百年持続させる展望を示す。

3．地元住民だけでなく地域外の関係者も含めて、新しい村づくりを進める。

4．相互扶助と心豊かな社会実現をめざす。

ここに掲げられたミッション、ヴィジョン、ヴァリューは、私たちがなぜ瀕死の新しき村を再生させようと「日々新しき村の会」を結成したか、その目的、構想とピタリ重なる。池谷・入山集落を、新しき村と置き換えれば、そのまま通じるのだ。まさに、「日本の過疎の成功モデル」を示してくれていて、おまけに、「地元住民だけでなく」「日本や世界を元気にする」と気宇壮大に構えているところが、新しき村の創立精神や私たちのヴィジョンと共通していて嬉しくなる。

実を言うと、中越大地震に被災したこの池谷地区に関して、私は拙著『白の民俗学へ　白山信仰の謎を追って』（二〇〇六年、河出書房新社）のなかで、こう書いていた。

《異界からの使者、すなわち霊力を持った託宣する神として有名なのは、白髭の翁である。大洪水や大津波に先立って、白髭の老人が出現して、その発生を予告したという、いわゆる「白髭水」の伝説は、東日本の各地にある。平成十五年の中越大地震で大きな被害をうけた新潟県栃尾市も、そうだ。夜明けに白髭の老人が現われ、村人に大声で大水が出るから早く逃げるようにと知らせたが、この老人の言葉を信じて逃げた者は助かり、信じなかった者は全員溺れ死んだという。》

池谷・入山集落は、中越大地震という予期せぬ自然災害をバネに、そのマイナス部分を直視し、消滅の危機感と復興の意志を住民が共有することで、見事によみがえった。新しき村も、そうでなければならない。村内・村外の会員は、現実を直視し、認識を共有することが、再生に向けたスタートになる。

「愛の反対は無関心だ」と言ったのは、弱者への献身的な活動で名高いカトリックの修道女マザー・テレサだ。無関心は、村内の会員にとっても、私たち村外の会員にとっても、新しき村を荒廃させるもっとも危険な因子である。それは、無気力を生み出し、当事者は結局、「何をしても変らない」という、怒りとも諦めともつかない心情に蝕まれる。これを逆に言えば、窮地にある当人たちにしてみれば、他の人々から気にかけられている、見守られているというだけで、こころの支えになる。何よりお互いのハートが大切なのである。

5　アートが仲介する町おこし

成功した地域おこしの例は、ほかにもたくさんある。徳島空港から車で約一時間。徳島県東部に位置する名西（みょうざい）郡神山町は、人口六千人足らずの過疎の町だったが、いまでは大都会に負けないほどの高速通信網が整備され、「のんびり田舎暮らしをしながらオンラインで最先端の仕事をする」という新しい働き方が実現した、地方創生の成功モデルの一つとして有名だ。ＩＴ関連企業のサテライトが続々開設されていて、国内外からの視察者が絶えないという。町づくりの中心的な役割を果たしたのは、ＮＰＯ法人グリーンバレー。一九九七年、徳島県が「とくしま国際文化村プロジェクト」を発表したのに応じて、一九九九年に「神山アーティスト・イン・レジデンス事業」をスタートさせ、国内外のアーティストを呼んで住民とともに作品づくりを行い、それが評判になったことがきっかけだった。

東京に近い神奈川県旧藤野町と瀬戸内海の直島（なおしま）も、アートを仲介にしている。

藤野町（現相模原市緑区）は神奈川県の最北に位置し、東京都と山梨県に挟まれた県境の地にある。谷が多く、平地が少ない。八割が山林で、中央を相模川が流れ、ダムで堰き止められた水が相模湖を形成し、神奈川県民の水がめとなっている。

高度成長期、地方から東京へ転出する人々が急増して、都心の地価は高騰した。そのせいもあって、郊外や近隣の県では、多摩ニュータウンなど、ベッドタウンの建設ラッシュが続いた。電車で三十分の八王子は、ベッドタウンの建設のみならず、大学や企業の誘致にも成功していた。けれども、藤野町の場合は、JR中央線で新宿から一時間、横浜からは一時間半と、比較的好位置にあるのに、その恩恵に恵まれなかった。町の約二八パーセントを水源涵養保安林に指定され、樹木の伐採が制限されていたからである。

こうして、高度成長期の開発からは取り残された藤野が、はじめ町おこしのために編み出したのは、産業廃棄物最終処分場の建設であった。けれども、これは水源地に産廃処理場はおかしいという反対にあって潰（つい）え、その後も残土処理場や墓地開発といった案が浮かんでは消えた。

やがて本格化したのが、一九八六年に県と町が共同提案した「ふるさと芸術村構想」であった。藤野町は戦時中、著名な芸術家たちの疎開先となっていた。藤田嗣治、猪熊弦一郎、脇田和、佐藤敬、長与善郎、荻須高徳、伊藤正義、佐藤美子……。彼らの多くはそのまま藤野に住みつき、戦後も、絵画、彫刻、陶芸、音楽、写真、映像といったさまざまな分野の有名無名の人たちの移住が続いた。

行政や地元の人たちが、彼らには関心を持たず、その存在に目を向けていなかったなかで、町の若手職員が立ち上がった。そのきっかけとなったのが、NPO法人パーマーカルチャー・センター・ジャパン（PCCJ）の研修所とシュタイナー学園の開設である。

PCCJは藤野で塾を開いたので、全国各地から受講生が集まり、そのまま移住する人も少なくなかった。シュタイナー学園は、オーストリア生まれの思想家ルドルフ・シュタイナーの理念に基づく教育活動を行っており、芸術や体験学習を重視する。テストや点数による評価はなく、八年間一人の担任が受け持つ。開校時の二〇〇五年一四七人だった児童生徒数は増え続け、〇八年一九五人、うち藤野地域に引っ越して住民になった生徒は一二一人（八十九世帯）となった。親の職業は、医師、建築家、芸術家、ＩＴ起業家、経営コンサルタントなど、自由業や手に職を持った人が多い。だからこそ、子どもの教育のために転居できたのだともいえる。

旧住民の多くが何とか都市化したい、経済的に豊かになりたいと思う開発・成長路線派であるのに対して、新住民の多くはその逆で、脱成長路線派。〇九年に発足したトランジション（移行、移り変りを意味する）運動は、従来の住民運動にない特性を持っていた。その一つが、楽しさを重視している点だった。何かを批判したり、攻撃したりするというのではなく、自分たちがやれること・できることを無理せず楽しく実践する。強力なリーダーがいて、その人の指示命令によってメンバーが動くのではなく、「住」「森」「健康と医療と福祉」「子育て・教育」「職と農」「観光」など、各人が自分の興味のあるテーマごとに仲間を募って自発的に行動する。そのワーキンググループの一つが、「地域通貨よろず屋」。地域の人間関係をより豊かにし、困ったときにだれかが手を差し伸べてくれるという安心感をもたらした。

先に述べた「ふるさと芸術村構想」は、こうした動きと併行して着々実現していった。一九八八年からは、「ふるさと芸術村メッセージ事業」として、ウォークラリーや野外彫刻展などさまざまなイヴェントが行われ、毎年三万人近い来場者を集めている。とくに、この構想の成果として欠かせないのは、現在も藤野の地にある「藤野芸術の家」。宿泊が可能な芸術体験施設で、館内では陶芸・木工・ガラス工芸などを体験できる。

以上は主に相川俊英著『奇跡の村　地方は「人」で再生する』を参照して紹介したが、この藤野町の場合は、直接人を呼ぶのではなく、「人を受け入れ支援する」ところから始めたところが優れているといっていい。

一方、瀬戸内海の直島（香川県香川郡直島町）は、住民三一〇五人。岡山県宇野港からフェリーで約二十分の距離に位置する。ここには、三菱マテリアル直島精錬所があって、電気銅の生産や貴金属の回収、リサイクルが行われている。一九八八年に福武書店（現ベネッセホールディングス）の福武總一郎氏が「直島文化村構想」を発表、一九九二年にホテルと美術館が一体となった「ベネッセハウスミュージアム」がオープンした。

ここにたどりつくまでが容易ではなかったのは、すぐに想像がつくけれど、そこをすっ飛ばして紹介すると、二〇〇四年には地中美術館、一〇年に李禹煥（リ・ウーファン）美術館が開館、同年からはじまった瀬戸内国際芸術祭の中心会場となっている。いずれも安藤忠雄氏による斬新な設計だ。二〇一三年には、その安藤氏のANDO MUSEUMも完成した。草間彌生氏の「南瓜」（赤色と黄色とがある）が有名で、前衛アートの聖地として、一年を通じて欧米の各地から青年男女が訪れる人気スポットになっている。

この壮大な試みは、直島だけでなく、その後、近くの豊島や犬島にも広がった。どちらにも、銅の精錬所があって、産業廃棄物が不法投棄されてきた悲しい歴史があるが、犬島には犬島精錬所美術館、豊島には豊島美術館がオープンして、二〇一〇年からは、この直島、犬島、豊島の三島を中心に、世界に類のない現代美術の大規模な国際展である瀬戸内国際芸術祭が三年に一度、開催されている。

もう一つ、演劇で町おこしに成功した兵庫県豊岡市の例も挙げておこう。

《城崎（きのさき）国際アートセンター》が好調です。県から譲り受けた城崎大会議館をどう使うか。迷った末に、舞台芸術用に無償で貸し出すことにしました。劇団などが滞在し、作品を制作する場として最長3カ月間、施設を無料で提供します。

世界各国から多数の応募があり、今年度は、日本を含む6カ国、15の劇団の滞在・制作が決まっています。7月には俳優の片桐はいりさんらが、8月にはルーマニアのダンサーらが滞在しておられました。

9月は、日本を代表する劇作家平田オリザさんが、フランス人俳優らと約1カ月の滞在・制作中です。主演は、カンヌ国際映画祭女優賞受賞のイレーヌ・ジャコブさん。10月4・5日に世界初演がアートセンターでなされ、その後フランス、ヨーロッパ各地で公演がなされる予定です。

6月、日本劇作家大会を誘致しました。劇作家、俳優、ファン等が集まり、延べ7千人を超える参加者で活況を呈しました。竹下景子さん、渡辺えりさん、佐野史郎さん、辰巳琢郎さんらも参加されました。……

これまで、多くの人びとが「上り列車」に乗って故郷を離れ、そのほとんどは帰ってきませんでした。地方は衰退し、誇りも失っていきました。しかし今、豊岡は小さな世界都市に向けて着実に歩んでいます。コウノトリ野生復帰は世界から高い評価を受けています。山陰海岸ジオパークは世界的価値を認められました。アートセンターも輝き始めました。

素敵なところは世界にたくさんある、そのことは良く知っています。しかし、その上でなお、私たちは、豊岡でいいのだ。私はこの地に誇りを持ち、この地で決然と生きていくのだ。その覚悟を強く持ったのでした。》（豊岡市ホームページ、平田オリザ『下り坂をそろそろと下る』より）

以上、限界集落化した過疎の村から立ち直って、新たな村おこし、町おこしに成功した例を見て思うことは、地域の住民が外部からの移住者を受け入れて、双方の協力のもとに、新時代に適した地域みがきをしている点だろう。それは、従来の交付金頼みのそれとは異なる。行政が進めようとしているハコモノの開発、成長路線にはブレーキをかけ、むしろ脱成長路線に切り替えて、持続可能な社会の構築に向けて、内発的な取り組みをしている。そのための前提として、すでに左の点がクリアーされているのは、言うまでもない。

1　移住者が移住するに値するメリットがあり、地元住民も受け入れることのメリットがある。
2　両者が協力して地域おこしに取り組める組織がある。
3　地域の特性を生かした新事業があり、生活の保障が担保されている。
4　収入を得るための仕事のほかに、子育てや教育のための環境が備わっている。
5　永続して住める環境と満足度、生きがい、楽しみがある。

わが新しき村は、もともとこの五つが揃っていたのに、今ではそのすべてが失われてしまった。

Ⅳ　ローカルに考え、グローバルに行動する

1　都会の時間と山里の時間

私は戦後第一世代だが、六歳若い内山節氏（一九五〇年生まれ）が、幼年時代を過ごした東京烏山（世田谷区）の変貌を、こう書いていた。お隣の杉並で育った私は、この違和感と失望はよくわかる。

《武蔵野の小川は一九六〇年代に近づく頃から、埋め立てられ、暗渠にされて大半が姿を消していった。烏山用水も暗渠になり、下流の一部だけがコンクリートの三面張りの大きな溝になってぽっかりと口をあけ、そこは汚水が均一の速度で流れる場所になった。それは、高度成長期の日本の社会の変化とみごとに対応していた。なぜなら高度成長期の日本は、人間たちが主体との関係で成立する時間を失って、客観的な時間が強い支配権を確立していく歴史でもあったからである。私たちはあのゆらぎゆく時間を喪失して、時計の時間に支配されながら生きるようになった。そして等速ですすむ客観的な時間は、外

から私たちを支配する権力でもあった。それはあたかも試験のときの時計の動きのように、商品をつくりだしつづける工場の時間のように、そして定年へと向かう時間の動きのように。》(『時間についての十二章』、以下同)

内山氏は、人も知るように、都立新宿高校を卒業後、大学へは進まずに、独力で哲学を修め、渓流釣りで通った群馬県上野村が気に入って、二十代の前半から年の半分をそこで暮らしている。『労働過程論ノート』を皮切りに、『自然と人間の哲学』『時間についての十二章』『共同体の基礎理論』『ローカリズム原論』『「里」という思想』『文明の災禍』『いのちの場所』と、次々に新著を刊行、哲学や思想を欧米から直輸入した知識としてではなく、自分の生き方に重ねて沈思し、それを平易な、よくこなれた言葉と文章で語ってくれる著者として、私とは問題意識が共通していることもあって、長年愛読してきた。氏は上野村を本拠に数々のイヴェントや各地での講演、NPO活動にも積極的に参加していて、一名「山里の哲学者」と呼ばれている。

その上野村も、他の農山村と同じように過疎化と高齢化が進んでいる。けれども、村は今も自然な感覚のなかで、季節が循環し、その生活も循環している。都会人からすると停滞と思われるこのことを、氏は「畑の草取りの手を休めたわずかの瞬間、しかしその瞬間に村人が永遠の感動の時空を手にしているような、そんなゆらぎゆく時間世界のなかに、山里の時間があり、山里の暮らしが展開する」と述べて、むしろ積極的に評価する。

存在としての時間は、関係として成立している主体がつくりだす時空である。そしてこの時間世界は、主体が剝離されていないがゆえに、人間の存在の外部に立つことはない。内山氏の名著『時間についての十二章』は、章を追うごとに問題の核心に迫っていく。

《私たちは「世界観」の転換をめざさなければならなくなった。それは固有のものが存在し、その固有のもの同士の間に関係が成立するのではなく、はじめに関係が存在し、その関係が固有性をもつくりだしているという視点への転換である。》

《なぜ私たちは時計の時間にしたがって成長し、時計の時間にしばられながら就職し、定年を迎え、時計の時間に計算されて死ななければならないのか。それは現代社会がこの時間にもとづいてつくられているからである。

　私たちには本当はそれ以外の存在の方法がある。そしてそれをみつけだすには、現代を支配している時空とは別の時間世界を発見しなければならない。なぜなら人間の存在とは、それ自身が時間的なものだからである。存在が時間をつくり、時間が存在をつくる。》

《共同体社会がこわれ、近代的市民社会がつくられていく過程は、共同的な関係によって時間がつくられていく時代から、個人の時間が確立していく時代への転換であった。このときから私たちは、自分だけの固有の時間を確立した。時間は自分の責任において管理していくものへと変容したのである。そのとき、この村の自然と共同体のなかに身をおいていれば、そこでの時間の動きとともに自分もまた生きていくだろうという楽観主義は消滅する。自分の責任で自分の一生を管理していかなければならなくなった。

ところがそうなればなるほどに、私たちの存在とともにある時間世界は多元化せず、ひとつの基準（＊つまり、不可逆的な、等速で直線的な時計の時間）に集約されていったのである。（中略）すなわちこのときから、時間存在の世界は孤独なものに変わったのである。そのとき近代社会の人間たちは、根源的に孤独な人間に変わった。》

《他者との関係によって成立する時間は、その他者との関係の仕方によってどのようにでも変容する。自然との関係をとおしてつくられた山里の時間が、しばしば時間秩序のゆらぎをみせながら展開していくように、この時間は他律的な時間ではない。ここでは他者との関係によって時間をつくりだしていく過程が、そのまま時間を使用していく過程でもある。すなわち使用される時間の質そのものが、他者との関係のなかで変容するのである。

このような時間は、一人一人の固有の時間として自律することはできないように思われる。時間の形成そのものが他者との関係のなかにある以上、この時間は他者との共同性をとおしてしか成立しえないからである。》

内山氏は哲学者には珍しく、決して観念的にならない。その思考（思耕）の歩みは着実で、一つ一つ納得できる。以上は主に時間をとおしての考察だが、氏が二十代で著した最初の著作『労働過程論ノート』が、初期マルクスが『経済学・哲学草稿』で提示した労働疎外の考え方が不徹底だったために人間不在の議論になってしまったことをどう克服するかを主題にすることから出発していることでわかるように、生産と労働とのあいだで本来労働が備えていた自然と人間の交通、人間と人間の交通をどう回復するかが中心主題である。上野村に腰を据えたのは、よく理解できる。

2　個と普遍

極度に孤立化し、断片化して、他者や自然の存在を見失ってしまった、寄る辺ない個人。他律的で、腐食し、擦り切れてしまった時間と空間。ではどうすれば、この劣化した時空から抜け出して、本来の自分を取り戻せるのか。ここでも、著者と私の問題意識は重なる。内山氏は、それを『共同体の基礎理論』や『ローカリズム原論』といった著作で詳細に検討している。私が教わったことを、順に述べる。

第一は、大塚久雄ら近代主義者が、共同体は人間が土地や自然に隷属させられた封建遺制であるとして、乗り越えられなければならない否定的な対象としたのに対して、そうではなくて、今日ではむしろ未来へ向けて開かれていると、前向きに、肯定的につかみとっていることだ。大塚と同じに、あえて『共同体の基礎理論』という書名にしたのは、その対抗意識のあらわれであると、自分で断っている。

けれども、その一方で、近年流行のコミュニティ論が、ヨーロッパでの合理的な共同体論をそのまま当てはめて、それをつくると機能的に便利だからという観点でのみ議論されていることに、強い不満を表明する。すなわち、第二は、人間が結び合って生きるのは機能の問題ではなくて、それこそが人間の本質であるという点が置き去りにされていると言い、アソシエーションをいくら積み上げても、共同体にはならないと断言する。つまり、コミュニティは共同の関心に基づく組織体ではなく、共有された世界として生まれた結合体であるとするのである。

第三は、わが国の伝統的な自然共同体であっても、個はそのなかに埋もれてしまっているわけではないとし、欧米では他者に対して自己を顕示することが個の確立であったのに対して、わが国では自己を磨くことが個の確立を意味し、自然への信頼が厚く、風土との共存が目指されていたとする。そして、相互扶助の精神から、メンバーの一人が何らかの苦境に立たされたときは無条件で応援するとも。

第四は、このことから、共同体はローカルなものとして存在する。つまり、普遍的な概念としてのみ捉えると見誤るということ。

第五は、にもかかわらずコミュニティは内部だけでは完結できないということ。外の世界と結んでこそ力が出ると指摘しているのも、重要なポイントである。

ことにローカルと普遍の問題について、以下のように述べているのは、新しき村のことを考えるにあたって、とくに重要である。なぜなら、実篤の提唱する言葉は、「自他共生」「人類共生」が典型的だが、「美愛真」にしても「天に星　地に花　人に愛」にしても「仲良き事は美しき哉」にしても「自然玄妙」にしても「共に咲く喜び」にしても「人間万歳」にしても、究極の普遍を目指しており、どこに住んでいようと、いかなる国、いかなる民族であろうと通じるもので、実篤自身、そのことを念頭に置いていたことが明らかだからである。

《ローカリズムとは何かというと、自分たちの生きている地域の関係を大事にし、つまり、そこに生きる人間たちとの関係を大事にし、そこの自然との関係を大事にしながら、グローバル化する市場経済に振り回されない生き方をするということです。ここが自分たちの生きる世界だという地域をしっかりもちながら、そういうローカルな世界を守ろうとする人々と連帯していく。（中略）

現代社会は、個人を軸とした国民国家・市民社会・資本主義という仕組みで展開していきましたが、そのすべてがシステムに管理された社会としてつくられていました。国民国家では国家システムに管理され、市民社会も社会システムに管理され、資本主義は市場経済というシステムに管理されています。そしてシステムに管理された個人はどんどん無力化していきます。人々は問題の所在がわかっていてもシステムから逃れることができない無力な人間になっている。それに対する反撃が反グローバリズムであり、ローカリズムだといえます。ローカリズムというのは個人をシステムが管理するというかたちではなく、小さい単位の共同体、共同の世界を「われらが世界」としてつくり、われらが世界を基盤にして世界を変えていく、そういう動きです。（中略）

「つながり」を感じながら生きるとは、「つながり」を感じることのできるローカルな関係のなかで生きるということでもあるのですが、そのような生きる世界はシステム化された世界ではありません。何が大事なのか、何が真理であり本質なのかを人々が日々の営みのなかでつかみながら生きていく世界です。そしてこの「つかむ」という営みは、知性、身体性、霊性＝生命性のすべてを介してつくられていくのであり、このようなかたちで展開していくローカルな世界とともに民衆は生きていたのです。》

（『内山節のローカリズム原論』）

このことは、大きく言うと、文化と文明、さらには近代以後をどう評価するかという問題にまで発展する。文明が世界的な統一を実現しつつあり、グローバリズムの観点から言えば、いまや地球市民を前提にする時代が訪れつつあるこの時代に、文化や思想はそれと逆行するように、より小さな統一、つまり地方化、ブロック化へと向かっているようだ。

民族や国家、あるいは宗教上の対立もそうなら、若者文化など、世代ごとの対立も深まっている。では、自と他、個と全体、ローカルと普遍は、いったいどうすれば両立できるのか。

3　場を発見し、場に働きかけるということ

新しき村が、ローカルな、小さな共同体であるのは確かだとしても、いわゆる伝統的な自然共同体ではなくて、武者小路実篤という一人の傑出した人間が唱えた理想に共鳴した、生まれも育ちも別々な人々が寄り集まって、手作りでこしらえた人工の共同体である。その理念は、あくまでも近代的な個と普遍に重点が置かれている。しかも、大切なことは新しき村の場合、それはローカルに閉じるのではなく、世界へ開かれていることである。

識者のあいだでは、今日 think glokally, act locally が合言葉になっているようだが、私はむしろ、think locally, act globally が大切なのだと思う。

つまり、内山氏は上野村を発見し、そことつながりながら新しい未来の共同体を構想し、再創造しようとしている。対して、私たちは新しき村を再発見し、そことつながりながら新しい未来の共同体を構想し、再創造しようとしている。そう考えていいのではないか。

前に述べたように、私が定年退職後、在野の一民俗学徒に転身したのは、柳田國男、折口信夫、そして谷川健一が開拓した日本民俗学が、いと小さき人の深層に潜む根源的な生を掘り起こすことに惹かれたからだが、これは今日の民俗学者の多くがそうであるように、後ろ向きであることを意味しない。シュライエルマッハー流に言うなら、Urbild（過去にさかのぼる根源的なかたち）も大事だが、Vorbild（将来に待望される理想的なかたち）が、もっと大切であるということだ。

それで思い起こすのは、新しき村を創設する前に、武者小路実篤が江渡狄嶺（えとてきれい）（一八八〇―一九四四）を訪ねていたことだ。江渡狄嶺は青森県五戸の出身で、昭和の安藤昌益と呼ばれた在野の思想家。トルストイやクロポトキンに共鳴して東京帝大を中退、徳冨蘆花の紹介で東京世田谷に「百姓愛道場」を、ついで杉並上高井戸に「三蔦苑（さんちょうえん）」を開いて、百姓生活を実践し、晩年は西田哲学の影響もあって、「場の研究」に取り組んだ。

《場だとか、行だとかいうと、直接の生活と離れた、何か理論的なもののように聞こえるが、私にとっては極めて直接の関心であり、自分の生活の必須の考え方なのである。単に概念的にものを考え、或は全然現実だけに没頭している人にとっては、必須でも直接でもなく、興味も関心もないかもしれないが、私にとっては必須でありそして直接なのである。私が百姓を始め、百姓の生活に這入ったのは、百姓の生活というものが、一番正しいものであると考えて百姓に這入ったのであるが、いざはいってみると、その考えは現実にブツかって、見事にブチ壊されてしまった。それで必死に、これを立て直して見たいと考えたが、経済的に裕福になり、篤農家的にうまくゆくだけでは満足できないのが私の性格であり、同時にこの現実の百姓の生活を何とか充足究竟した解決をつけたいという本当の自分の悩みから、ようやく場の考えに辿りついたわけである。家稷（かしょく）を考えるとき、場を抜きにしては考えてはならない、また場を考えるとき、同時に家稷を考えるのでなくてはならない。家稷と場とは切り離しては考えられないというのはそのためである。》（『場の研究』）

狄嶺は地域を「場」として見、かつ「場」から地域を見る。場を発見するとき、あまたの事象は深層でお互いにつながり合っていること、違いを超えて共に同じ地域をかたちづくっていることへの理解が生まれる。バラバラに見える個人も、地域の自然・社会・文化環境に囲まれて生かされていることを自覚する。

こうした観点と思想こそ、当時農本主義者の権藤成卿（せいきょう）らが社稷（しゃしょく）（公的に営まれる農）を重視して、国家に呑み込まれていったのに対して、そうはならなかった理由であろう。このようにして家稷、つまり私的な家族の営む農を基本に、地域の相互連携による共同体を構想したことは、同郷の偉人安藤昌益の「直耕」の精神を継承すると同時に、今日各地で模索されている新たな共同体づくり、地域再生の試みへの先駆をなしたのでもあった。

場を発見し、場にはたらきかけること、それは近現代の社会の歩みのなかで遠のいてしまった大切なものを、私たちの手に取り戻すことでもある。

内山氏の上野村は、伝統的な実在の自然共同体。私たちの新しき村は、理想を追求するフィクションの共同体。両者の開きは大きいが、どちらも関係者が自分の発見した場に働きかけていることが大切なのだと、私は思う。人間は場のなかで生きている。自分にふさわしい場を見出し、その場をとおしてしか、自分の生きる世界をつかみとることはできないのである。

4　社会的共通資本

今日の社会における共同体の在り方を考える上で、内山氏と共に私が教えられたのは、経済学者の宇沢弘文である。宇沢は社会的共通資本（コモンズ）を、一つの国、ないし特定の地域に住むすべての人々が、ゆたかな経済生活を営み、すぐれた文化を展開し、人間的に魅力ある社会を持続的、安定的に維持することを可能にするような社会的装置を意味するとして、以下のように述べた。

《社会的共通資本は、一人一人の人間的尊厳を守り、魂の自立を支え、市民の基本的権利を最大限に維持するために、不可欠な役割を果たすものである。社会的共通資本は、たとえ私有ないしは私的管理が認められているような希少資源から構成されていたとしても、社会全体にとって共通の財産として、社会的な基準にしたがって管理・運営される。社会的共通資本はこのように、純粋な意味における私的な資本ないしは希少資源と対置されるが、その具体的な構成は先験的あるいは論理的基準にしたがって決められるものではなく、あくまでも、それぞれの国ないし地域の自然的、歴史的、文化的、社会的、経済的、技術的諸要因に依存して、政治的なプロセスを経て決められるものである。》(『社会的共通資本』、以下同)

社会的共通資本には大気、森林、河川、水、土壌などの自然環境、道路、交通機関、上下水道、電力・ガスなどの社会的インフラストラクチャー、そして教育、医療、司法、金融制度などの制度資本がある。都市や農村は、これらさまざまな社会的共通資本からつくられているとも言えて、その強みは、決して国家の統治機構の一部として官僚等に管理されたり、また利潤追求の対象として市場的な条件によって左右されないことだろう。なかでも宇沢が重視するのは、教育と医療である。

《教育は、一人一人の子どもたちがそれぞれもっている先天的・後天的能力、資質をできるだけ育て、伸ばし、個性ゆたかな一人の人間として成長することを助けようとするものである。他方、医療は、病気や怪我によって、正常な機能を果たすことができなくなった人々に対して、医学的な知見にもとづいて、診察・治療をおこなうものである。どちらも、一人一人の市民が、人間的尊厳を保ち、市民的自由を最大限に享受できるような社会を安定的に維持するために必要不可欠なものである。人間が人間らしい生活を営むために、重要な役割を果たすもので、決して、市場的基準によって支配されてはならないし、また、官僚的基準によって管理されてはならない。》

地球温暖化や生物種の多様性の喪失といった問題もある。

《世界史的な視点でみるとき、二十世紀の世紀末を象徴する問題は、地球温暖化、生物種の多様性の喪失などに象徴される地球環境問題である。とくに、地球温暖化は、人類がこれまで直面してきたもっとも深刻な問題であって、二十一世紀を通じていっそう拡大化し、その影響も広範囲にわたり、子どもや孫たちの世代に取り返しのつかない被害を与えることは確実だといってよい。地球温暖化の問題は、大気という人類にとって共通の財産を、産業革命以来、とくに二十世紀を通じて、粗末にして、破壊しつづけてきたことによって起こってきたものである。人間が人間として生きてゆくためにもっとも大事な存在である大気をはじめとする自然環境という大切な社会的共通資本を、資本主義の国々では、価格のつかない自由材として、自由に利用し、広範にわたって汚染しつづけてきた。また、社会主義の国々でも、独裁的な政治権力のもとで、徹底的に汚染し、破壊しつづけてきたのである。》

そして、現代におけるコモンズの取り組みの好例として、「農の営みの外延的拡大と内包的深化をはかることによって、持続可能な農業（Sustainable Agriculture）の理論的考究とその実践的展開をおこなうことを主たる目的とする」三里塚農社の場合を挙げている。その定款がユニークで、新生・新しき村の定款を作成する際の参考になりそうだ。摘記してみよう。

《農社は社員から構成される。社員は、その所有する株式を売却することはできない。その譲渡については、農社の承認を要する。

農社を構成する土地は、共有地と私有地とから成る。共有地は、農社が所有するか、あるいは他からの借地である。

農社はつぎのような事業をおこなう。大学部は、農社全体の経営、企画を担当し、農科大学、庶務、経理、広報の業務をおこなう。農場部は、土地および水の農業上の有効利用、開発ならびに農業技術の向上によって、持続可能な農業の実践をおこなう。工場部は、農産物を中間投入財として、加工・生産をおこなうとともに、販売活動に従事する。建設部は、大学、農場、工場の各部における事業に必要な建物、施設の建設、維持に従事するとともに、社員の住宅および関連施設、さらに農社の文化的、社会的施設の建設、維持をおこなう。

理事会は、農社における事業を計画し、実行に移す。理事会は、五名の理事によって構成され、一名の理事長を互選し、他の四名は、それぞれ大学、農場、工場、建設を担当する。理事は、社員総会において、選挙によって選任され、任期は二年とする。ただし、再選を妨げない。

社員総会は、農社の最高議決機関であって、年一回通常総会が開かれるが、必要に応じて臨時総会を開くことができる。社員総会は、社員の過半数をもって成立の要件とする。評議会は十名の評議員によって構成される。そのうち、五名は理事が兼任し、五名は理事会が委嘱し、任期は二年とする。評議員は、その再選を妨げない。

　農社の共有地は、必要に応じて、社員の住宅用地として貸与することができる。社員の住宅用地として貸与された共有地は、社員が、その資格を喪失したときに、原則として農社に返却するものとする。ただし、理事会の議を経て、旧社員あるいはその家族に引き継いで貸与することを妨げない。社員は、農社の外部で事業をおこない、あるいは雇用されることができる。》

残念ながら、この優れた構想は、宇沢の死（二〇一四年九月）で立ち消えになってしまったけれど、学ぶべきことは多い。

なお、批評家の柄谷行人氏が二〇〇〇年に立ち上げたＮＡＭ（New Associationist Movememt）も、興味深い。その組織原理がユニークで、要約するとこうなる。

《１　一定数以上のメンバーがいれば、ＮＡＭ＊＊と名乗ることができる。それは組織的にも財政的にも独立したものである。それは第一に、地域（外国も含む）による区分である。第二に、現在の職業などの社会的階層（学生、サラリーマン、主婦、中小企業経営者、文筆業――など）による区分である。第三に、各人の関心対象による区分である。どのカテゴリーも、それ自体アソシエーションとして自律的である。しかし、同時に、メンバー各人は別のカテゴリーにも属する。

　２　関心系も階層系も、物理的な地域空間ではないが、位相空間として「地域」であるといってよい。ＮＡＭは先ず日本において始められる。しかし、これは根本的にトランスナショナルな組織であって、空間的に限定されるものではない。諸個人は一定の地域に属すると同時に、関心系などの位相においてグローバルな「地域」に属している。ＮＡＭは、このような多元的「地域」からなるリゾーム的アソシエーションであって、国際連合や「インターナショナル」のように国家を単位とするものと異なっており、また、たんなる諸個人の国際的ネットワークとも違っている。

３　会員のほかに賛助会員がいる。賛助会員は、大会や通信に参加し自由に発言することができる。ただし、代表選出などの決定には参加できない。ＮＡＭは秘密をもたない。ゆえに、重要な議題や争点がすべてのメンバーに知らされる。各支部組織は独立してホームページをもってよいし、またもつべきである。

４　ＮＡＭは、その内部において、ＬＥＴＳ（地域交換取引制度）方式の地域通貨を使用する。ＮＡＭ会員・賛助会員の献金、労働、サービスの提供に対しては、ＬＥＴＳの通貨（nam）で支払われる。》（『ＮＡＭ原理』）

ただちに実現できるかどうかは別にして、その理念は理解できる。発足当時、浅田彰、坂本龍一、山城むつみ、村上龍の諸氏が参加して話題を呼んだが、未来に向けたあるべき方向性の一つではあろう。

5　大切なのは心のコミュニケーションと大胆な意識改革

さて、それでは私たちがさしあたって解決すべき、現在の新しき村が陥ってしまった閉鎖性・独善性は、どうしたら改善できるだろうか。それには、私が考えるに、新しき村のもっとも優れた点である、村内会員と村外会員という二重の組織をフルに活用して、お互いがその役割をしっかり認識し直して、責任を十分に果たすことであると思う。

これは、他の共同体にはない、新しき村の最大の強みで、私が新しき村を特別視するのも、それを措いてはない。他のユートピア共同体では不可能なことが、村では可能なのである。創設者の実篤でさえも、村内で暮らしたのは最初の七年間で、あとは村外会員だった。私が新生・新しき村に期待するのも、世界に誇っていい、この独創的な組織である。

私の場合は、村内で暮らそうと思ったことはないし、たとえその気持があっても、家庭の事情やら個人的な事情やらで、そうは出来ない理由がいくつもある。実際に村内で働き、生活している村内会員を尊重するのにやぶさかではないが、だからといって、村内の会員が村外の会員を低く見て、自分たちの都合だけ考えて利用しようというのは、根本から間違っている。

先頃、村外のある会員の夫が、コロナ禍で職を失い、次の仕事が見つかるまでのあいだ、村の仕事を手伝うので、緊急避難的に空家に住まわせてほしいと願いでたのを、村は「村外の会員は村内の会員を助ける義務があるが、村内の会員は村外の会員を助ける義務はない。われわれは慈善事業をしているのではない」と言って断ったと聞いた。何たる傲慢！

純然たるボランティア、ないしは慈善家であれば、労力や資金や精神的な支援のみで、内部のことに口出しはしないということでかまわないが、新しき村の場合は、暮らしは別々でも、村を維持発展させる事業や理想の追求では同等の資格を有し、同等の働きをすることが期待されているのだ。

事実、これまでの新しき村の歩みを見ると、村内の会員だけだったら煮詰まってしまって、前へ進めないことでも、そのたび村外の会員が新鮮な風を送りこんで、存続に貢献してきたのであった。実篤の存在は、言うまでもないし、私の前著を読んでもらえるなら、村外会員の活動と貢献がいかに大きかったかは、すぐに理解してもらえよう。

私たちは、村の消滅を未然に防ぎ、村民の老後を安定させ、未来を切り拓くために、率先して立ち上がったのであって、目的はそれ以外にない。繰り返すが、大切なのは、村内・村外の会員が共通の認識、共通の理解のもとに、同じ目的に向かって進んでいくことで、そのためには両者の気持が通じていなければならない。何よりお互いのコミュニケーションが良好であることが不可欠なのである。

com（共に）を接頭語とするコミューン（共同体）、コミュニオン（聖体拝受）、コンパッション（共感共苦）、コミュニズム（共産主義）、コモンズ（社会共通資本）は、みな共同性に関係していて、コミュニケーション（communication）も、その一つ。com に municate（有する）が結合して、共有を目的に伝達し合う行為、つまり共同体をつくりだすための創造的な行為を意味した。すなわち、コミュニティとは切っても切り離せず、コミュニティがあるところコミュニケーションがあり、コミュニケーションがあるところ、コミュニティがあるという関係になる。

そうは言っても、一方で、共同体に特有の息苦しさ、鬱陶しさもある。新しき村の場合は、つかずはなれずで風通しが良く、そこが他の共同体にはない優れたところだと、私は評価していたのだが、以前、村内で暮らしたことのある村外会員は、その同調圧力は、暮らした人間でないとわからないと、私に打ち明けてくれた。

しかし、以前はどうであったか知らないが、近頃では村民同志が親密につきあい、活発に意見交換している様子は見られなかった。村の将来について云々することはタブーで、お互いの仕事やプライバシーには不干渉主義が徹底している。表面上の議論回避、対立回避、主張回避は、内向して裏にまわると、お互

い の陰口になる。

その意味でも、村外の会員の存在は貴重で、私はそれを折口信夫の言う「まれびと」、つまり外部から時を定めて来訪し、沈滞した共同体を賦活する客人神にも譬えられるとさえ思っているが、実際は私たちのような「物言う村外会員」は、この三年間異人歓待どころか、忌避されるのみだった。

私は以前、父が《新しき村》に寄稿した文章で、村民は月一回、最終日曜日に村外の会員が訪れるのを楽しみにしていて、帰りは八高線の列車が村のそばを通ると、窓から乗り出して手を振る村外会員に向かって、村内の会員も手を振って、互いに別れを惜しんだと書いていたのを憶えているが、変われば変わったものだ。

旧村内会員の側が私たちを排斥したのは、村の将来のことより、いま目の前の自分たちのことが、大切だと思っているからである。高齢だし、もはや何をする力も意欲もない。そっとしておいてほしいと思う気持はわからなくもないが、自分たちの都合しか頭にないのはエゴイズムと変わらない。

あれこれ思案に暮れるなかで、私は長野県下條村を立て直した伊藤喜平村長のことを思いだした。以下は、前に参照した相川俊英著『奇跡の村　地方は「人」で再生する』からの引用である。

長野県最南部の下條村は、人口約四一〇〇人。飯田市から車で三十分ほどだが、その飯田市まで新宿から高速バスで約四時間二十分かかる。七割を山林が占め、宅地面積はわずか三%、天竜川右岸の河岸段丘の上に集落が散在する。傾斜地ばかりで、主産品は果樹やそば。タレントの峰竜太の出身地（名誉村民）だそうだが、税収は乏しく、典型的な過疎の村だった。それを、前例のない職員研修、資材支給事業、若者定住策、若者向け集合住宅建設、子育て支援と次々果敢な政策を断行して、いまや出生率二・〇四（二〇〇四年）と全国トップクラスの村に育て（全国平均は一・二九）、各地から人口減少に苦しむ行政の関係者が見学に訪れる「奇跡の村」に育て上げた。その最大の功労者が、この伊藤村長だ。

《一九九二年七月に村長に就任し、現在、六期目。四半世紀近く村を牽引し続けているが、就任当初は職員らから猛反発され、役場内の雰囲気はそれまでと一変した。（中略）

村で中小企業を経営していた伊藤村長は、役場職員の仕事ぶりや仕事の仕方、さらには役所組織の体質・文化といった諸々（もろもろ）に強い不満を抱いていた。公務員は目的意識が希薄で、スピード感やコスト意識を欠いている。チャレンジ精神も乏しく、前例踏襲主義に逃げ込んでチンタラと仕事をしているとしか見えなかったのである。他人の仕事の領域には手を出さず、どんなに暇であっても腰をあげることはない。まさに「急がずサボらず働かず」である。もちろん、それは下條村の職員に限った話ではなく、全国の自治体職員のごく一般的な姿といえる。

公務員の効率を意識しない仕事ぶりに、伊藤村長は怒りに近いものを感じていた。「お役所仕事」を一日でも早く一掃し、ぬるま湯体質の役場を変えなければ下條村の未来はないと危機感を募らせていた。実際に役場の中に入ってみて、伊藤村長は予想していたものの改めて愕然とした。それまで中小企業の経営者として真剣勝負の毎日を送ってきた。会社の従業員も真剣勝負で働いていた。そうした従業員のパワーを一〇とするならば、役場職員は四か五くらいの力しか出していないと感じた。

さらに、「かかった分が経費」という考え方で、コスト意識や競争原理が全くといってよいほど機能していない。民間企業だったら、間違いなく倒産だと痛感した。

だが、一番の問題点はトップの姿勢だと考えるようになった。トップが全体の奉仕者としてしっかり目標を定め、明確な指示を出せば職員は真剣に働くし、能力もあると見抜いたのだ。それまでは、リー

ダーがあまりにも無責任すぎた。職員は悪くないと思うようになったという。》

新しき村の住民にもあてはまるところがあるといえば、村民は腹を立てるだろうが、伊藤村長は職員の反撥や組合の抗議に一歩も引かず、「私は下條村をよくしようと思って命がけでやっている」と声を張りあげた。

前代未聞の職員研修は、ホームセンターでの店頭販売だった。職員は各売り場に配置され、慣れない接客業務にあたった。そして、一日が終わると、売り上げ結果を基にした会議に臨んだ。この研修が終わると、職員の目の色が変わり、テキパキと働く精鋭集団に変貌していた。

V　自他共生・人類共生の場を求めて

1　『小説　愚者の園』

村外会員の弟が中心に行っている茶畑の草取りには、私もときどき同行した。しかし、炎天下の労働は、さすがにきつかった。

この頃、私の所属している文藝同人誌から執筆依頼が来たので、無聊（ぶりょう）をまぎらすためもあって、こんな戯作を書いてみた。題して『小説　愚者の園』。といっても、筆者の主観以外は、すべて事実に基づいている。いくらかなりと自分と距離を置いて、客観視してみたかったからである。

A

朝から暑い。六月も末だから、当然か。毎月第四日曜日にここ埼玉の「新しき村」へ通い、茶畑の雑草取りを始めて、五度目になる。先月、すっかり鎌で刈り、深くまで根を張ったのは、一本一本ていねいに抜き取ったのに、もう元通りに茂っている。

いくら自然農法とはいえ、だいたい、茶畑に雑草が生えること自体、ありえないし、あってはならないことだ。村外のある会員から聞いた話だが、知人に試飲してもらったところ、雑草の匂いがすると言われたそうだ。いまどき、どこの茶園でも、プロペラ式の噴霧器を作動させたり、温度調節をしたりと、厳重な品質管理をしている。そうでなくては、商品にならないからだ。

村では人手がなくて、村外の老齢会員一人にまかせきりだから、こういうことになる。ワジマ兄はもと村内会員だったが、一念発起して慶応大学の通信教育で、高校の英語教諭の免許を取得した。ところが、村では教師との二足の草鞋（わらじ）を許さず、村外に追放した。それでも、村には愛着があって、県内での教職を定年で終えたあと、村の近くに住んで、ボランティアで、日曜以外は茶畑での作業やら野菜づくりをしているという奇特な人だ。

十時過ぎに始めて正午を過ぎたので、泰山堂に戻って、コンビニで買ってきた弁当を広げた。今日は兄貴も、最近、「日々新しき村の会」の会員になったばかりなのに、進んで雑草取りに加わってくれたRさんも、定年退職後、電気技師の資格を得る試験と重なったとかで、不参加。机の上に手作りの大根が、英字新聞に包んで置いてあるのは、ワジマ兄が土産にということだろう。

あるとき、兄がワジマ兄に労（いたわ）られたとき、「でも、村の人は私を嫌っているようで、挨拶もしてくれません」とぼやくと、すぐに「そんなことありませんよ。皆、感謝していますよ」と返していたけれど、といってワジマ兄が村内の人たちに何か働きかけをしている気配はまったくない。日曜はキチジ兄の会社で仕事をしているというから、これが兄として精一杯の好意なのだろう。

この泰山堂は、武者小路実篤の小説『真理先生』に登場する画家の泰山から、名前を取っている。以前は、集会場や第二アトリエとして使われ、村の拠点だったところだ。兄貴とホリグチ兄と三人で、まる一日かけて使えるようにするまでは廃屋で、ゴミ置き場と化し、床は泥だらけだった。

ホリグチ兄も元村内会員。坂戸駅の近くで古本屋をしていて、毎土曜日、村の美術館の受付をしている。自宅から、折りたたみ式の布製チェアーを四脚もクルマで運んで来て、テーブルのそばに据えた。ソファやデスクは前からあったから、これで結構部屋らしくなった。書棚には実篤関係の図書や機関誌《新しき村》のバックナンバー、大判の美術全集なども揃っている。

私は兄貴とは四つ違いで、昨年退職したばかり。理系出身で、新幹線の技術関係に携わり、いまも週一度、指導に行っている。実篤先生の本はあまり読んでいないし、村のことも、これまでさして関心がなかった。両親は戦前からの新しき村の村外会員だったから、小さいとき、よく父に連れられて、年に一度のお祭りに、兄貴と一緒に通ったことがあるくらいだ。

兄貴が村のことを書くというので、村に通い出した十年ほど前から、運転手の役目を務め、共に行動するうち、つかまってしまった。

村は「君は君　我は我なり　されど仲良き」で、共同体なのに個を尊重するところがユニークで、人に命令しない、命令されないが鉄則だ。それはいいのだけれど、事実上最終的な議決機関である一般財団法人新しき村の理事会や評議員会は、役員を村内の会員と周辺の寄り添い組で固めていて、外からの新しい意見や提案を聴く耳をもたないし、議論する仕組みも出来ていない。

新しき村は本来、生活共同体であると同時に運動体だというのが、兄貴の持論だが、今はその両方が失われている。これまでも、村内で心ある人たちが何度か改革に立ち上がったことがあるけれど、一切耳を貸さず、感情的に反撥するだけ。ついに根負けし、嫌気がさして、みな村を出て行った。いま村に残っているのは、そのもっとも頑強な反対派だから、理解してもらうのは容易ではない。

それでも、何度も村に通って、仕事の手伝いをするうち、いつか心を開いてくれるだろう、話を聞いてもらえるようになるだろうと、兄貴と二人で始めた草取りだが、ゴミはどこに置いたらいいか聞くと、村内では一番若いコウスケ兄が、何曜日と何曜日は生ごみ、それ以外は何曜日と、その曜日に、そのためだけにまた来いと言わんばかりの返事に呆れたのか、以来、兄は来たり来なかったり。

兄貴の短気な性分は、私が一番よく知っている。短気なうえに、熱しやすくて冷めやすい。私はハラハラしどうしで、常になだめ役だ。

午後からは、村内会員のタミジ兄の家の前の茶畑の草取りをした。ここは雑草だけでなく、葉っぱのところどころに、蔓草がからみついている。雑草取りで腰が痛くなると、蔓草取りをし、立ったりしゃがんだり、いい運動だ。茶畑にはマムシが好んで棲んでいると、兄貴に脅かされたことがあるが、そんなことでひるんではいられない。

四時過ぎ、家の中からタミジ兄がのっそり出てきた。こちらには何の関心も示さず、村の中央に位置する公会堂兼食堂に向った。鹿児島県出身で、ヒゲがトレード・マーク。独身。マイ・ペースの人で、ある意味、典型的な新しき村人だ。自活の原動力だった養鶏は、卵価の落ち込みと人手不足で経営が成り立たなくなり、だいぶ前に廃業したが、残った鶏糞で肥料をつくる仕事をまかされている。それ専門で、他には一切手だしをしない。食事するのも皆とは別で、いまごろ昼ごはんのようだ。それも、食堂で食べるのではなく、お盆に食器を載せて自分の家に運び、一人で食べる。家といってもボロボロで、路上生活者と大して変わりがない。兄貴が、ふだん家で何をしているんですかと聞くと、いま聖書を読んでいる。何度読んでも面白いですなアと、答えていた。

村ではタミジ兄だけでなく、ふだんは皆ばらばらで、自分の担当以外には口出しせず、仕事も生活も干渉しない主義だ。何かお願いするのに、誰さんに話しておいてくださいと言っても、伝わってないことが多い。村民同士が談笑しているのを見かけたこともないから、村の将来を語り合っているなんて、とうてい考えられない。

この日は、日没まで粘った。東京へ帰る途中、宮沢湖畔にある温泉施設によって、汗を流した。兄貴と二人のときは料金折半だから関越道を使うが、今日は普通道にしたので、家に帰り着いたのは十一時近くだった。

B

私ですか。機関誌《新しき村》の編集長をしていた者です。前から申し出ていたのですが、先ほど、村内で開かれた編集会議で、一年務めた編集長の辞任が認められたところで、ほっとしています。今後は月刊から季刊に改め、各支部もちまわりでやることになるでしょう。

一月ほど前のことですが、新村堂での月例会で、近く編集長を退くことになるだろうと言ったら、前田さんがものすごい顔をして怒った。すぐにカッとなる人で、皆閉口しています。理由は何だ、あとをどうするつもりだ、後任は決まっているのかと、しつこく食い下がる。プロとして長く文芸誌の編集長をしていた自負があるから、簡単に許す気になれなかったのでしょう。

いつだったか、もうずいぶん前になるけれど、やはり新村堂の集まりで、新しき村にまだ火種は残っているか否かで、「火種論争」がもちあがったとき、おおかたが火種消滅派だったのに、前田さんと私だけが健在派だった。前田さんの言い分は、村のなかはそうかもしれないが、一つだけ火種が残っていると言った。一つが東京支部の拠点であるこの新村堂で、二つが村内の会員と村外の会員を結ぶ《新しき村》だとのことで、このときは、役目柄私も賛成した。図に乗って、私が編集長になって以来、一度も原稿に困ったことはない。私が一声かけるだけで、たちまち原稿が集まるとも言いました。

でも、私も今年で七十六です。十年も務めれば十分でしょう。百周年記念号を出したから、これで一区切り。編集委員は皆納得して、ねぎらってくれましたよ。これからは、一個人として、自分の行末を静かに考えてみたいと思っています。

前田さんが新しき村の本を出すのに、私はずいぶん協力したつもりです。まだ本を書くとも書かないとも決まってないときから、ちょくちょく村に顔を出し、時に村外会員の家に何泊かしていくこともありましたが、私はそのたび話し相手になり、村内の会員を紹介する労も取った。村の財政事情が思わしくなく、このままでは遠からず衰亡する運命にあると教えると、それほどには思っていなかったと、驚いた表情をしたことをよく覚えています。

立川の文化センターに呼ばれて、新しき村について連続の講演をしたときには、弟さんと三回とも一緒に聴きにきてくれ、終わったあとは、のどが渇いただろうからと、ビールをごちそうしてくれました。あの当時とくらべると、このところギクシャクしどおしです。

本が出るとき、ゲラを読まされたのですが、村の歴史についてはさすがに要領よくまとめてあると思いましたが、村の現状や今後について述べている後半は、ピッタリこなかった。村を何とかしたいという気持はわからないではないけれど、村内で空想的な改革を提案し、受け入れられずに出て行かざるを得なかったヒビヤ兄のことを、いやに持ち上げているのが、まったく理解できなかった。結局、前田さんの提案はヒビヤ兄と大同小異。言ってることはご立派だけれど、具体的な道筋が見えてきません。これでは、村の人の共感は得られませんよ。

　私はもう村は半ば歴史的使命を終えたと思っています。武者小路実篤が日向に新しき村を立ち上げた百年前は、米騒動やシベリア出兵など、世の中が騒然としていて、皆食べるのに困っていたし、お先は真っ暗。だから、著名な作家が理想郷を立ち上げるという試みに、日本各地から若者が集まってきた。

　しかし百年たって、いま時代は大きく変わりました。普通選挙だって、女性の参政権だって、とっくに認められたし、誰も食べるのに困っていない。若い人の八〇％は大学や専門学校に進学し、就職先はどこにだってある。一日八時間労働も実現したし、福祉も格段に手厚くなっている。村が理想とし、村でなくては実現できないと思われていたことは、すでに一般社会で実現しています。個人の自由は当然村よりあるから、誰が好き好んで、村に入るでしょうか。若い人の入村がないのは、時代の必然です。ただし、精神面ではどうか。そこは問題です。だから、あとの半分は留保していると言ったんです。

　私は村内会員でこそありませんが、東京から村と同じ毛呂山に引っ越して来て、二十年。週三回村に通い、竹林の担当をしながら、《新しき村》の編集長を務めてきました。今は村内の空き家を借り、名ばかりですが、一般財団法人新しき村の監事もしている。人がいなくなって、タカシ兄の奥さん一人で村人の食事を用意しなければならないのを見かねて、妻が毎日手伝いに来ています。そのため、村内の空き家を一軒提供してもらっていますし、毎土曜日には村を自活に導いた最大の功労者である渡辺貫二兄の旧居である大信荘で、読書会も主宰している。

　自分で言うのも何ですが、私は村では唯一のインテリで、武者小路実篤のことで知らないことはないし、村に訪問者があるときは、たいてい私が案内します。早大の露文を出、長年英語の教師を務めてきたから、外国人だって相手にできる。評論家の本多秋五、実篤や新しき村の研究家の大津山国夫、村外会員で古代史学者の直木孝次郎らの諸氏とも懇意にしてきました。

気が多いのが玉に瑕で、三年前、毛呂山町の町会議員選挙に立候補して、見事落選しました。いま、日曜日に近くの教会に通っています。早起き会も、ここ十数年、欠かしたことがありません。村は半分歴史的な使命を終えたという考えに変りはありませんが、あとの半分については、今後全身全霊を傾けて熟考したいと思っています。そのことは《新しき村》に発表した拙稿でも、新村堂の席上でも、何度も述べています。

C

「日々新しき村の会」が余計な動きをしてくれたことから、いま私たち村の人間は大いに迷惑している。一番の悩みは、長年村の会計を見てきてくれ、太陽光発電の導入その他、村の最大の貢献者であるキチジ兄が立腹して、もう村とかかわるのはやめにしたいと言い出していることだ。前田さんが、村の財政や、運営上の仕組みについて、たびたび質問するので、村の会計担当として、いろいろ説明してきたが、私では手に負えなくなったので、直接キチジ兄に聞いてみたらと言ったのが、廻り廻ってこんな結果になってしまった。

もともと私たちは、経済には疎い人間の集団で、私が入村した当時は、養鶏を導入して村を自活に導いた渡辺貫二兄が、一手に引き受けていた。しかし、ワンマンで、独裁的で、晩年は村のなかで孤立していた。私たちが汗水流して働いているのに、キブツの視察だのコルホーズの視察だのと言っては奥さんと海外旅行に出て、うまいものを食べていると、評判は悪かった。

先生が亡くなり、渡辺貫二兄が亡くなったあとは、J兄が村の理事長に就任したが、この人は若いとき村にいたことがあるとはいえ、長く村外の会員できたから、年々村の経済が逼迫していく事情には疎かった。都会的な趣味人で、娘さんを世界的なヴァイオリニストに育てあげたことが自慢。娘さんはチェコに住んでいるが、村のお祭りには、トリオ同伴で出演してくれたことがあった。

J兄が芸術派なら、中学出の私も、キラ兄も、キチジ兄も、村では労働派だった。義務労働を終えたあとは自由なので、村では絵を描いたり、創作に励んだり、焼き物をする連中が好んで入村したが、彼らは働いていても心ここにあらずで、私たち労働派とは溝があった。キチジ兄は村を出たあと、苦労して水道工事の会社を自力で立ち上げ、いまは支社を持つまでに発展させた。その手腕は大変なもので、私は村が一般財団法人に移行するとき、なにかと相談に乗ってもらった。

新しき村の現理事長のキラ兄は、私より一つ上。来年は八十だ。村の規約では、七十を超すと自由村民で、労働は免除のはずが、一度脳梗塞で倒れたというのに、私同様、働かざるを得ない。椎茸の原木を相手の作業は、重労働だ。京都出身で若い頃陶芸に趣味があった私と違って、彼は根っからの労働派。貫二兄が反対するのも聞かず、自分で椎茸栽培を始め、いまも村で知り合った奥さんと二人で毎日働いている。富山県出身で、やはり中学出。上京して下町の製本工場で働いているとき、武者小路先生の本を読んで新しき村のことを知り、村に飛び込んだ。奥さんは北海道の富豪の娘で、美人。村に幼稚園があったころは、ピアノを教えていた。

私も、村で知り合った女性と結婚した口だ。かかあ天下で、じつは村内のことは、私以上に、妻が目を光らせている。理事会の役員でも、評議員会のメンバーでもないが、村内のことはたいていかみさんの一言で決まってしまう。三度三度の村の食事は、かみさんの担当だから、誰も文句は言えない。

太陽光発電の導入は、キチジ兄のプランだが、キチジ兄は自分のところで工事を引き受けると、村と癒着していると疑われるからと、複数の業者の入札制を提案、実際そうしたのだけれど、サービス料金で引き受けるキチジ兄の会社が一番安くて、結局、キチジ兄が落札した。

　工事が始まってからも、村内村外を問わず、村の美観を壊す、維持費が大変だと反対する人は絶えなかった。しかし、それ以外に道はなかったのだし、理事会や評議員会で決定したことだ。キチジ兄の獅子奮迅の働きは誰しも認め、感謝している。現に、太陽光発電による収入は、コメ、椎茸、お茶、野菜その他、他の収入が微々たるのに比べると、大半を稼ぎ出しているから、年々の赤字を補塡するのに不可欠なものになっている。

　それだけに、ＦＩＴの終了で売価が三割以下にも下がってしまうのは大打撃だ。おまけに、二〇二一年には二期目に導入した太陽光パネルのＦＩＴも終了するため、そのあとどうするか、頭が痛い。だからと言って、今頃、キチジ兄に向かって、過去のことをああだこうだ言うのは、許せない。キチジ兄が怒るのはもっともだ。

　いまは、百年祭も無事終わったことだし、とにかく静かにしていたい。キラ兄は、自分たち村に住んでいる人間は、百年も百一年もない。毎日、同じことをするだけだと、前田さんに話していたが、その通りだ。キラ兄は、あれで結構打たれ強いし、頑固だ。これまでも改革を唱える人が何人もいたが、あの調子でみな撥ねつけてしまった。

　村ではまだ若い二人の村内会員が、どう考えているか、それは知らない。彼ら二人は、田んぼが担当だが、目標の収穫すらあげることが出来ないのが歯がゆい。独身で、友達もいない。休日は家でのらくらしている。本来なら村の中心になって働き、村の今後のことについても、真剣に考えてもらいたいのだが、あれこれ言ってへそを曲げられ、村から出ていかれると、労働力がゼロになってしまうから、強いことも言えないでいる。

　前田さんや弟さん、最近は先生のお孫さんまで心配してやってくるが、彼らとは初めから平行線だから、話合いをしても無駄だろう。前田さんの本を読んで訪ねてきた老齢の婦人が、広くて旧式な炊事場を見て、使いやすいよう修理するのに使ってくれと、一千万円の寄付を申し出たのを、かみさんは即座に断った。工事の対応がわずらわしいし、たとえきれいにしても、あとがないのだから無駄。うっかり、そんな大金を受け取ろうものなら、エラいことになる。

　前田さんには、そんなに村が心配なら、村に住めばいいじゃないかと言ってやったことがある。そうしたら、なんのための村外会員かと反論してきた。私には、個人的な理由で村には住めない事情が、百もある。でも、武者小路先生の自他共生、人類共生の精神さえ共有できれば、村内と村外は一体だ、それが新しき村ではないかと。結局、自分は安全圏にいて、好き勝手できるから、そういうもっともらしいことが言える。先生のお孫さんだって、そうだ。これまで、とくに村とかかわりがあったわけでも、貢献したのでもない。ただ、ミコシに担がれただけだろう。唯一直系のお孫さんというので、無碍にはできないだけだ。

　二十一世紀にふさわしい自他共生のコミュニティをだなんて、ちゃんちゃらおかしい。どうしても作りたいなら、どこか別の場所を見つけて、勝手に始めればいいじゃないか。いずれにしても、私はもう疲れ切った。このところ眩暈がおさまらないので、病院に行ったら、高血圧と心臓の疾患ということで薬をどっさり出され、しばらく静養するよう言われたばかりだ。

　日向の村のショウゾウ兄は、ひとりで頑張っているけど、ここと同じで、後継者がいない。財団法人にもならず、地元の町となあなあでやっているから、ここよりもっとひどい。あの一人よがりの性格じゃあ、誰も寄り付かないし。

若い時は、村こそ私の理想とするところだと、意気揚々入村したが、実状はどうして、ただただ働きづめで、今となってみると苦労させられたことばかりが思い出される。武者小路先生のお宅にうかがって、緊張してご挨拶したこともあったが、なんだかエラすぎて馴染めず、私には遠い存在だった。

村では子どもを産むことさえ、許可が必要だと言われ、なんて非人間的なところだと、憤慨した。その子どもたちは村の幼稚園に通い、高校まで一緒に暮らした。けれども、息子も娘も村に留まる気はなかった。私も二人が出て行くのを止められなかったし、止める気もなかった。外で暮らす方が、よほど楽しい人生が送れると思ったからだ。

年々村人が減少し、赤字がかさむだけなのを、長年放置してきたのは、もうどうにも手のほどこしようがないと観念したからだ。さすがに、そうと口に出しては言えないだけで、私たち老人組は、内心村がこのまま自然消滅するのを望んでいる。一般財団法人だから、赤字倒産すれば、すぐに毛呂山町が没収し、面倒な土地の処理その他、全部やってくれる。

それを、いまごろのこのこやってきて、村を再建しようなど、大きなお世話だ。法律経済事務所の所長なる人が乗り出してきて以来、前田さんにいろいろ知恵を授けているようだが、あのひとの本心は事業にあると、私はにらんでいる。つまり、村の土地に目をつけて、いつか乗っ取ってやろうと、虎視眈々ねらっているのだ。

前田さんは、新しき村のことを本で「愚者の園」と書いて以来、俺たちを愚者呼ばわりするのかと怒りを買い、村人の信用を失っている。私は、村外会員でよく村にやってきては、村内外の人とたちと談笑していた前田さんのお父さんを、知らないではなかったが、いかにも文学青年あがりといった感じの、おとなしそうな人だった。親子でも、ずいぶん違うものだ。前田さんこそ、愚者にならないことを望む。

＊

反歌

「今でしょ！」と　言っても　誰も動かない
これ以上　何がんばるの　この過疎で
傷跡が　残っただけの　村おこし

（TV Bros. 編集部編『イナカ川柳』より）

2　低調だった創立百周年祭のこと

話が前後するけれど、新しき村の創立百周年記念祭が行われたのは、九月十六日。例年とさして変わりはなく、若干参加者が増えた程度だった。午前中はバザー中心。生活文化館で、当時の幼稚園の親子が写っている写真展。午後から公会堂（兼食堂）で開かれた式典の式次第は、理事長挨拶、実篤のお孫さんの挨拶、来賓祝辞（毛呂山町長）、実篤詩の朗読、地元婦人によるオカリナ吹奏や踊り。四十年祭（九段会館）、五十年祭（文京会館）が、著名人が大勢参加して盛大におこなわれたのと比べると、さびしい限り。調布市の市民ホールで行われた実篤記念館主催の記念の催しも、うちうちで祝う会の域を出なかった。

これでは、新聞も大きく扱いようがなかったのだろう、おおむねありきたりなお祝い記事で終わってしまった。村が存亡の危機にあることに触れたのは、読売新聞と西日本新聞の二紙のみ。前者の文化欄は、上下二回の「ルポ新しき村１００年」の下を、「存続へ知恵絞る村外会員」と題して、以下のように報じた。

《80年代半ば以降、収入額も村民の数も下落傾向を見せる。卵の価格の低迷や、他の農作物でも次々と問題が発生したことに、村に関心を持つ若者が減ったことが追い打ちをかけた。現在、村民は8人だが、70代以上が3人。60代が3人。平均年齢は65歳を超えている。収入額も81年の10分の1以下に落ち込み、赤字続きで基本財産を取り崩してしのぐ。

この状況に、村の存続を強く願う村外会員らが集まり、今年8月、「日々新しき村の会」を発足させた。副会長で、元文芸編集者の前田速夫さん（74）は「国家や家族など既存の共同体が揺らぐ今こそ、1世紀前から始まった新たな共同体の試みは重要さを増している。この貴重な『場』をなくしてはいけない」と訴える。

発足から3か月余りで会員数は約270人に。前田さんらは賛同者に会への参加を呼びかけ、資金を集めるだけでなく、村が自活できるだけの新たな収入源の確立と、それを実行する意欲的な人材が必要と考えている。アイデア募集と村のPRを兼ねた懸賞論文など、いくつかのプランを準備中だ。前田さんは力を込める。「とにかく必要なのは素早く大胆な改革です」》

村からは、結局、当初は計画にあったという『百年史』も、縮小した『年表で綴る新しき村百年史』も出なかった。予算がないので大がかりなことはできないが、せめて村の存続のため貢献してくれた長老を招いて、その労をねぎらい感謝する催しはしたいと言っていたのに、それすらなかった。

毛呂山の村に関する限り、私が前著で危惧した通りで、村内の人間だけで祝って終ってしまった。「日々新しき村の会」が提案した記念事業は、ことごとく退けられた。村はこうして、外部にアピールする最後のチャンスを自ら失ったのである。

ただし、こちらがぼやぼやしているうちに、村からは一銭の補助もなかったのに、画家の渡辺修（渡舟）さんのお嬢さんが、知り合いの画廊主や画家の協力を得て、雨漏りがして廃屋同然だったアトリエを改修して、壁面にずらっと父親の画を展示し、トイレも喫茶室もある家屋に見事よみがえらせたのには、先を越されてしまった。

また、日向の村がショウゾウ兄の頑張りで健闘したことも、言っておかなくてはならない。ほとんど独力で実篤の書「大愛」「勉強勉強勉強勉強のみよく奇蹟を生む」の石碑二基を新たに建設し、十一月十日には、木城町総合交流センターリバリスホールで、日向新しき村百周年記念祭「共に生きる喜び」を開催した。ＤＶＤ「木城町日向新しき村の１００年」の上映、式典、木城町小学校、同中学校の生徒による発表、ヴァイオリンコンサート、講演「村の生活」とにぎやかで、実篤の詩や小説の一部を抜萃したパンフレット、文学ロードマップ「この道を歩く」も、すべてショウゾウ兄の手づくりだった。

もともとショウゾウ兄は、埼玉の村では自分が望んだ活動ができないと考え、それより戦後もたった二人でこの地を守り続けた杉山夫妻の手助けになろうと、五十年前に、骨を埋める覚悟で移り住んだ人。自然農法も、豚の放し飼いも、ログハウスの建設も、全部独力で成し遂げたという、私が尊敬してやまない真の新しき村人で、日々新しき村の会を立ち上げるについても数々のアドバイスをしてくれ、毛呂山の村人のあまりな態度につい愚痴をこぼしても、「根気根気」と実篤の言葉を用いて笑い飛ばし、そのたび元気をもらってきた。左は、共同通信が配信したショウゾウ兄のインタビュー記事の一部だ。

《大学で教員免許を取ったが、農耕も知らないような人間が教師になってはいけないと思ったのが入村のきっかけ。村での暮らしは自分に合っていた。知らないことを一から勉強することができる。でも決してユートピアではなく、社会の縮図。自由な環境を生かせない人もいた。実篤に強くひかれて来た人もいれば、そうでない人もいた。

実篤ほど人間や愛というものを書いた作家はいない。僕は両親を早くに亡くし、ずっと1人で生きて来たから言葉が心に染みた。実篤が提唱した「全世界の人が天命を全うする」という村の精神。その理想の旗を降ろさずに現実を生きることが大切だ。

村は現在、高齢の夫婦と僕が暮らしているだけだが、実篤の理念や言葉に共鳴する人がいる限り、新しき村は存在し続ける。将来には悲観していない。

僕は村で暮らすことで、家を建てたりコメや野菜を育てたりできるようになった。今の若者の中にも、自分の能力の全てを開花させたいと思う人がいるはず。人間力をつけたい人にとって、いい勉強の場。数年でもここで暮らせば、それは血や肉になる。》

付言すると、調布市立実篤記念館では、十月二十日から十二月九日まで、新しき村創立百周年記念特別展「新しき村一〇〇年」を開催して、所蔵の原稿、書、写真を載せた単行本を発行した。巻末に「新しき村を巡る文献（平成8年以降）」が載るが、会員の著作に前著はなく、「主要参考文献」にゴミ粒みたいな小さな字で紹介されていた。村の美術館や図書室にも、置いていない。つまり、禁書扱いなのであった。

こうして、村内側との話し合いが不調でも、私たち「日々新しき村の会」は、着々活動を続けた。七月と九月、神奈川支部の村外会員は、平塚と鎌倉で、創設百周年記念「武者小路実篤と仲間たち展」を開催した。村の美術館に出品を依頼したが、往復の輸送で傷がつく心配があるからと拒否されたので、知り合いの村外会員に片端から声をかけて、所持品を出品してもらったとのことであった。

九月四日、会のメンバーは毛呂山町役場を訪ね、整備課の二氏と面談、互いの協力を約した。町は新しき村を歴史文化拠点と指定し、都市計画マスタープランに反映させようとしていたところだった。

十一月十五日発行の《日々新》二号には、役員や会員の任務分担、百周年事業計画の概要、スケジュールのほか、会の口座が出来て、当面の運動資金として五百万円が入金されたことが報告されている。寄稿はW会長の「新しき村の理想と現実」、ウエノ兄「創立200年に向けての新しき村」、P弁護士「共生・共助の教え」、カワグチ兄「新しき村で〈実篤かぼちゃ〉を創る」など。会員は二五八名に増えている。

3　太陽光発電導入の誤算

記念館のある調布市仙川で「せんがわまちニティ情報センター」を運営しているオオノ兄は、「日々新しき村の会」の会員である。氏は早くから独自に新しき村百周年の企画を進めていて、機関誌《せんがわ21》二十三号、二十四号を「新しき村」特集にあて、それとは別に、記念シンポジウムも予定していた。私たちはそのどれにも全面協力を約束していたので、寄稿や講演の依頼に応じることにした。

二十三号の特集は「新しき村100周年を迎えて」で、私は「ここをどう乗り越えるか――いま、私たちの「新たな村づくり運動」が直面していること」を、ヒビヤ兄は「新村党宣言」を、そして文化科学高等研究院の山本哲士氏は、前者をめぐって「新しき村百年を問われてのエッセイ」を寄稿した。他にも寄稿があるが、ここでは二氏のを取り上げる。

ヒビヤ兄の「新村党宣言」は、冒頭の一節からすぐわかるように、「共産党宣言」のパロディになっている。村民には十分に刺激的であったろう。

《毛呂山に妖怪（Gespenst）が徘徊している。「日々新しき村の会」という妖怪が。古い村内の勢力は、この妖怪が出現するたびに慌てふためく。自分たちの静かな生活が掻き乱されるのではないかと恐れ戦くからだ。しかし、長く村内で生活している人たちも、その入村時には「新しき村の精神」に魅せられて決意したのではなかったか。それなのに何故、「日々新しき村」を実現せんとする運動の提案に悉く難色を示すのか。

この事実から二つのことが明らかになる。

一つは、毛呂山の村はもはや「新しき村」ではないということ。

もう一つは、村内が保身に走る以上、「日々新しき村」の運動は村外が主体的に担っていくしかないということ。（後略）》

山本氏は、フーコーやブルデューの研究家で、『哲学する日本』『現代思想の方法』など、多くの著書がある。こちらは、結論部分を引用する。

《100年も存続した資本（可能な力）は大変なものである。だが、「共同体」という観念は、解体こそすれ建設はしえないし、またユートピアは幻想機能はするが実際機能はしない。ヘテロトピアとして機能するには、新しき村はあまりに部分的である。場所作りを意図していながら、場所づくりにたどり着きえていない。

「場所」とは、「社会空間」以上に総対的なものであるのも、相反的なものを共存させうるからだ。社会空間は一元的で均質・均一的なものでしかない。そこで生存するには自分自身を代行者に転じないと生きられない。消費的快楽があっても不安は増長するのである。

なんども危機を乗り越えて存続してきた「新しき村」のポジ・ネガを参照しながら、わたしたちは未来の多様な「場所」を「資本」として建設しなければ、確実に日本は崩壊していく。ポストモダンなどという表層で対処できるものではない。〈もの〉と〈こころ〉は本源的に対立しない、〈もの〉が〈物〉に物化して〈商品〉形態に生活が覆われたとき、〈もの〉を喪失したとき、〈こころ〉は喪失される。「ものごころ」と言われるように、こころを活かしている〈もの〉を喪失したとき、意志は自我・意識へと転移されてしまう。意志とは人間の自我の自由ではなく、「場所の意志（述語的意志）」の拘束性にある。場所と自己との相互包摂が働くことである。社会的人格関係は物象化されているが、場所的人格関係は、「場所における自己」「自己における場所」として〈もの〉（魂）のもとでのゲマインヴェーゼンの生命的なアクションにある。》

表現が難解だが、要は私が新しき村について述べた「場」の重要性は、それでもなお不十分ということだろう。ヒビヤ兄の指摘と共に示唆に富んでいて、私は十分共感できた。

二十四号は十一月二十四日、桐朋学園で開かれた記念シンポジウムの参加者全員に配られた。執筆者は多彩で、W会長や、日向の村のショウゾウ兄、作家の関川夏央氏、シンポジウムの参加者らが多数寄稿している。

記念シンポジウムは、W会長の開会挨拶にはじまって、私が「新しき村の百年　その現代的意義」と題して講演し、その後ショウゾウ兄の報告「日向の村に今生きて――これからの百年を拓く」、同じく会員のL兄の報告「我孫子、日向、毛呂山、南伊豆、仙川を結ぶ市民哲学」、せんがわ劇場の末永明彦氏によるポエム劇「馬鹿一という、あこがれ」と続き、最後が仙川町の商店街の店主や地元白百合女子大の教授、「日々新しき村の会」からは、実篤かぼちゃのブランディング化を提唱したカワグチ兄も参加してのシンポジウム「農食・福祉・芸術の新しき街・村を拓く」で、終了後は近くのぶどう園でバーベキュー・パーティと盛り沢山だった。

ところで、この日、すべてのプログラムを終えた私たちが帰途、仙川駅近くの喫茶店に集まって協議したのは、村の太陽光発電導入にまつわる過失を、どう扱うかについてだった。このことに最初に気づいたのはP弁護士で、その後、客観性を担保するために依頼した第三者機関から、P弁護士が指摘したとおりの回答（意見書）が届いていた。

といって、もはや損失したお金が取り戻せるわけでなし、それでなくても私たちに警戒の目を向け始めた村内側に、このことをどう伝えるかで私たちは苦慮した。よほど慎重にことを運ばないと、先方は過失を追及されていると誤解して反撥し、私たちとのあいだの溝がますます広がってしまい、下手をすると取り返しがつかなくなる恐れがある。

私は慎重派だったが、村の関係者には現在の財政事情をしっかり認識してもらった上で、今後の再建策を協議していく必要があることから、いくら不都合なことでも、事実はきちんと知らせるべきだとの意見が大勢を占め、最後は私も納得した。太陽光発電の導入を主導し、実際、自分の経営する会社でその設置にあたったキチジ兄に宛てて、「日々新しき村の会」の名前で、意見書にそえて手紙を送ると、キチジ兄は、危惧したとおり烈火のごとく怒り、もしその通りなら全額弁済する、絶対に落ち度はないと譲らな

郵便はがき

恐れ入りますが切手をお貼りください

1010051

東京都千代田区
神田神保町一の三 冨山房ビル 七階

㈱冨山房インターナショナル
読者カード係行

お名前	（　　　歳）男・女		
ご住所	〒 TEL：		
ご職業又は学年		メールアドレス	
ご購入書店名	都道府県　市郡区　書店 ご購入月		

★ご記入いただいた個人情報は、小社の出版情報やお問い合わせの連絡などの目的以外には使用いたしません。

★ご感想を小社の広告物、ホームページなどに掲載させていただけますでしょうか?

【 可 ・ 不可 ・ 匿名なら可 】

書　名

本書をお読みになったご感想をお書きください。
すべての方にお返事をさしあげることはかないませんが、
著者と小社編集部で大切に読ませていただきます。

かった。

以後は泥仕合だった。評議員会の場で、キチジ兄は自分がいかに正しかったか無理な主張を繰り返し、私がこの件について皆にわかりやすく説明しようと挙手すると、W会長がそれを遮った。キチジ兄との間で対立が深まるのを心配したからだろう。見かねたカワグチ兄が、自分の責任で全資料をくわしく検証し直して、改めて報告すると、ひきとってくれた。

明くる二〇一九年の正月明け、P弁護士、ウエノ兄、私の三人は、早稲田大学創造理工学部に、建築学研究所の所長で、新たな町づくり村づくりに実績がある、某教授を訪ねた。懸賞論文の審査委員を引き受けてもらうためである。氏は毛呂山の近くのお寺の出身で、いまも僧侶を兼務しているとのこと。新しき村再生にご協力願えればとお願いすると、二つ返事で快諾してくれた。

三月に入ってまもない日、「日々新しき村の会」のメンバーの一人が、メールをくれた。いま発売中の《ビッグコミック》（三月十日号）の巻末で、ちばてつや氏が新しき村のことを漫画に描いているとのこと。さっそくコンビニに出向いて入手し、折から毛呂山とは近くの文星芸術大学の学長に就任したと出ていたので、今後を注目してほしい、いつか学生を連れて訪ねてくれるのを楽しみにしていますと、拙著や会報の《日々新》を同封して、手紙を出しておいた。

五月の連休は、気分転換をするため、仲間三人と弟をさそって、埼玉県朝霞にある丸沼芸術の森と、山梨県藤野芸術の家を見学し、主宰者らと懇談した。丸沼芸術の森は主催者の一人が芸大時代に自分たちの制作拠点にしようと荒川の河川敷を開拓して始めたところ。藤野芸術の家は各種バザーや展覧会のシーズンで、会場や自然食レストランは訪問客で賑わっていた。工夫次第で、立派に運営されているところは、いくらでもあるのだ。

夏には瀬戸内海の直島に行った。工場の廃棄物で汚染された島を芸術の島に生き返らせ、安藤忠雄氏設計による美術館や李禹煥氏、草間彌生氏の彫刻、有名なモネの「水蓮」などもあって、海外から多くの若者が訪れる人気スポットだという評判に、自分の眼でそれを確かめたかったからである。

安藤忠雄氏の建築は、文句なく素晴らしかった。私は安藤氏が元プロボクサーで、独学で世界的な建築家になったことに前から注目していた。ことに、大阪府茨木市郊外の「光の教会」は、シンプルな祈りの空間へ、正面に穿たれた十字の切り込みから外の光が差し込んで、息を呑む美しさだ。実篤記念館のある東京都調布市の仙川には、安藤氏が設計した劇場や集合住宅がある。新しき村のコミュニティ・センターの設計は安藤氏に頼もうと、夢が膨らんだ。

十月末、銀座ヤマハ・ホールで私たち「日々新しき村の会」が主催する「新しき村創立一〇一周年記念コンサート」を開催した。新しき村前理事長J兄の長女、石川静さんがクーベリック・トリオを率いてチェコより来日、ヴァイオリンの演奏で場内の聴衆二百名に感銘を与えた。

4　ユートピアは、どこにもない場所？

プラトンの『国家篇』以来、西欧では理想郷に関する著作は山ほどあるが、トーマス・モアの『ユートピア』（一五一六年。原題は『社会の最善政体とユートピア』）に至って、それが定式化された。

モアはユートピア島を、海と川で二重に守られた空間に設定する。五十四の都市があり、それぞれ一日で行ける距離にあって、町と田舎の住民は計画的に入れ替えになる。みな美しい清潔な衣装を着け、財産を私有しない。必要なものは共同の倉庫にある。人々は勤労の義務を有し、日ごろは農業にいそしむ。空いた時間は、芸術や科学の研究をする。

このユートピアを、モアはギリシア語の eu-topia「素晴らしく良い場所」という意味と、ou-topia「どこにもない場所」、つまり、そこは人類が理想とする場所には違いないが、現実には存在しえぬところ、という二重の意味で用いている。

これが、ウィリアム・モリスの『ユートピアだより』（一八九〇年）になると、テームズ河沿いの緑豊かな田園都市となり、私たちが言う理想郷の意味に近くなる。仕事が歓びで、歓びが仕事になっている人々の姿が描かれているが、そこは未来に迷い込んだ社会のことで、依然作品上のことに過ぎない。ただし、付言すると、モリスが起こしたアーツアンドクラフツ運動（インテリア、デザインの分野で生活と芸術を一致させようとする取り組み）が、二十世紀のモダン・デザインの源流になったことはよく知られている（後述参照）。

中国や日本で言えば、ユートピアは山奥の洞窟を潜り抜けた先の隠れ里、桃源郷であり、陸地を遠く離れた海底、龍宮である。そこではわれわれの生活する地上とは異なる時間が支配しているか、時間が止まっている。やはり、この世ではなかったわけだ。

しかし、近代に入って、都市化が進行し、産業社会のもたらす弊害が顕著になると、やむにやまれぬ気持から、地上に楽園を建設する試みが始まる。これは、従前の共同体が地縁・血縁で結ばれた自然のそれであったのとは異なり、現実の社会に満足できない者たちが、共通の目的で寄り集まった擬似共同体、つまり、そういう意味ではフィクションの共同体で、新しき村もその一つである。

人工ということで言うなら、国家という人間集団もそれに当たるが、レーニンが革命を成功させてつくった初の社会主義国家ソヴィエトも、エンゲルスの『空想(ユートピア)から科学へ』の空想がユートピアを意味したように、もとを質せば出発はユートピア思想だった。

世界の各地で生まれたユートピア共同体は、どれも短命だった。十九世紀前半、ロバート・オーエンがボストン郊外に建設したニュー・ハーモニーは、わずか四年で崩壊したし、一九六〇～七〇年代にかけて、欧米や日本でヒッピーと呼ばれた若い男女が、各地で自由と自立を基盤にした共同生活を営むことが流行したが、すでに忘れられて久しい。

その意味で、わが新しき村が、ともかくも一世紀の長きにわたって存在し、生き延びてこられたのは、米国のアーミッシュ（ドイツ系移民のキリスト教団体）や京都山科の一燈園（西田天香が創始した奉仕団体）などの例を除けば、奇跡といって過言ではないのである。

仲間のヒビヤ兄も指摘しているごとく、ユートピアは、おうおうにしてディストピア＝反ユートピアへと反転することすらある（後述一二八頁参照）。そのせいもあって、近年はユートピアというと、右からも左からも槍玉にあがり、識者のあいだでは、とうに賞味期限は切れたとみる見解が多数だった。もう半世紀前になるが、五月革命のさなか、その名も『ユートピアの終焉』というタイトルの本を著したのは、新左翼の父と呼ばれたヘルベルト・マルクーゼであった。しかし、早合点しないでほしい。彼は反語の意味でこう述べたのであった。


《これまで抑圧的社会を個々人の中で絶え間なく再生産してきたのは、抑圧的社会において展開され、満足せしめられてしまった要求が継続してきたからなのである。再び言う、個々人は、己れ自身の要求の中で抑圧的社会を再生産してきたのだ。それは革命を通してさえ同じことであった。これまで量的増大から自由な社会への質的飛躍を妨げてきたのは、まさにこの抑圧された要求が継続してきたからにほ

かならない。（中略）

サイバネティックスやコンピューターが人間存在の全体的コントロールに一体何を寄与しうるのか、それをわれわれは今日既に知っている。ところで、現行の要求をきっぱりと否定するところから生まれる新しい要求は、たぶん今日の支配体制を担っている諸要求、その要求を担っている諸価値の否定の総合として計上される。例えば、生存競争（これは言うならば必然的なものであると言われてきた。したがって生存競争の廃棄が可能であるなどと軽々しく語る理念や空想は、すべて人間存在の自然的、社会的諸条件に矛盾することになるというのである）に基づく要求を否定すること、生存競争に基づく生の営為、実行原則、競争を否定すること、決して各自の個性を表わすことなく、またアウトサイダーになることも許さない画一主義に対する今日の馬鹿げた強い要求を否定すること、壊滅への道と不可分に結びつく浪費的、破壊的生産性を求める要求を否定すること、虚偽の衝動抑制を求めるような要求を否定すること、等……。（中略）

所謂ユートピア的可能性というものは、決してユートピア的なのではなくて、現行体制のきっぱりした歴史的社会的否定を意味するものであるために、このような可能性をはっきり意識化し、他方このような可能性を妨害、拒否する勢力の存在することを自覚するということは、現実に対して非常にプラグマティックな反対の気持をわれわれの心に呼び起こすことになるかも知れない。このプラグマティックな反対の気持たるや、すべての幻想にとらわれたくないというものであるかと思えば、他方、どんな敗北主義にも陥りたくないという気持でもあるだろう。だが、敗北したくないという気持があるだけで、自由の可能性を現行体制に売り渡してしまうものこそが、敗北主義なのだ。》（清水多吉訳）

マルクーゼの警告も空しく、その後の世界は依然として抑圧的な社会を再生産し続けた。サイバネティックスやコンピューターは文字通り世を席捲しており、人も国も相変わらず生存競争に基づく生の営為を肯定している。ユートピアを幻想にすぎないとみなし、競争に敗北したくないという気持から、歴史的社会的な諸要求を是認してきた結果である。

ユートピア思想が行きすぎると、ディストピアに反転するが、本来、革命に劣らないラディカルな否定性があるのだ。つまり、ユートピアとは、どこにもない場所ではないが、永遠に未完であること、見果てぬ夢であることが、その本質ではないかと、私は考える。完成したとみなせば、そこが行きどまりで、その後は停滞するか退化するか、ディストピアに反転する。

私たちが新しき村を再生させるグループを結成するのに、実篤師の言葉から「日々新」を選んで、「日々新しき村の会」と命名したのも、言って見れば「精神の永久革命」が旗印なのであった。

5　共同体の閉鎖性と独善性について

同じ目的、共通の使命をもって組織された共同体の成員が団結してことに当たれば、一人ではできなかった多くのことが可能になる。成員同士の心の通いあいも喜びである。

それはそうなのだが、これはヒビヤ兄から聞いた話だが、『源氏物語』や谷崎潤一郎・川端康成の英訳で知られるサイデンステッカーが新しき村を訪れたとき、「あなたはコミューンに関心がありますか」と訊ねると、「関心はあるが、自分がコミューンに住もうとは思いません。それは犬が好きか、猫が好きかの違いです。犬はコミューンに住めるが、猫は住めません。私は猫のように生きたいと思います」と答えたという。個人的には、私もサイデンステッカーに近いかもしれない。

加えて、共同性には恐ろしい罠もあって、これが負の方向に働くと、さまざまな弊害をもたらす。たとえば、現在の新しき村が陥っている閉鎖性と独善性である。

その典型が、ロサンゼルス郊外に外壁やフェンスで周囲を囲み、入り口にゲートを設けることで、外部からの自由な出入りを制限しているゲーテッド・コミュニティだ。通常は、住民からの招待状がない限り、中に入ることはできない。つまり、特権階級、超富裕層のためのお屋敷町で、ヒルズ、リバー、ヴァレー、フォレスト、パークなどと、牧歌的で体裁のよい名前がついてはいるが、じつは外壁やフェンスさえなければ、一般の市民に開放され、共有されるべき社会的共通資本（街路、歩道、公園、ビーチ、川、小径、運動場）が、ゲートで遮断して私有化され、それが法律的に認められているのである。

すなわち、コモンズの考え方とは逆に、富裕層が高額の税金を支払うかわりに、公共であるべきはずのものを私物化し、独占して、自らの安全と生活を確保するため、一般の市民や貧困層を締め出してしまったのが、このゲーテッド・コミュニティなのである。

私たちの新しき村もこの例で、日向の村時代は、劇団を結成して九州各地を公演してまわるほど外部に開かれており、毛呂山時代になってからも町内マラソン大会に参加するなど地元民との交流は活発だったのに、いまでは見る影もない。近所の人が散歩で村のなかの道を通っても、挨拶ひとつしない。村内・村外の会員は、本来一体だったのに、理事会・評議員会のメンバーを村内側で固めて独善に陥り、物言う村外会員を締め出して、いよいよ閉鎖的になるなかで、一般財団法人としての共有の財産を私物化し独占して、創立の精神すらも失ってしまったのである。

ユダヤ人が集住するゲットーやわが国の被差別部落は、弱者が身を守るため、やむをえず結束し、外部に壁を築いている例だが、その本質はゲーテッド・コミュニティや現在の新しき村と変わらない。しかし、こうした例はまだましな方で、かかる閉鎖性、独善性が大災厄を招いたことは、歴史上いくつも例がある。祖国を追放されたユダヤの民が二千年にも亘って諸国を流浪し、言語に絶する苦難を経たのち、ようやくのことにイスラエルの地を得るや、今度はパレスチナの民を追放し、殺戮する側に廻るという、この大いなる背理もそうなら、近年では、一九七八年中米ガイアナで起きた「人民寺院事件」もそうだ。

人民寺院とはアメリカのカリフォルニア州で生まれたカルト宗教団体。六〇年代末に信徒は二万人にのぼったが、その後内部告発などで運営がゆきづまり、一一〇〇人ほどでガイアナの密林に入植した。子女拉致虐待などの容疑で調査団が派遣されると、これが引き金になって、「死の儀式」が挙行され、最終的に死者は九一四人。集団自殺かと大騒ぎになったけれど、実際は脅かされた看護婦が青酸カリ液を注射して殺したとのことだった。

カルトといえば、もちろん、オウム真理教のことも忘れられない。高学歴の若者が、なぜあのような殺人集団に大量入信したのか。教祖に命じられるまま、無差別殺人に手を貸すとは、心のうちに、どのような飢えと虚無をかかえていたのか。

ヤマギシ会の例もあった。一九五三年、養鶏家の山岸巳代蔵(みよぞう)が提唱した〈無所有一体〉のヤマギシズムを実践する団体で、その規模は日本一を誇る。運営の仕方、収益を安定させる仕組み、人材の養成や研修活動など、学ぶべき点は多いが、共同体の成員に個の自由が許されず、全体に奉仕するのみであるのは、新しき村との決定的な相違である。見かけの繁栄の裏で、数々の不正・不法が表沙汰になり、会員のあいだに自殺者が続出したと報道されたこともあった。

理想郷であるはずのユートピアが、ディストピアと化す例は、ザミャーチン『われら』、オルダス・

ハックスリー『すばらしい新世界』、ジョージ・オーウェル『動物農場』『1984年』等の未来小説に、予言されていた。

農園の動物たちが劣悪な農場主を追い出して理想的な共和国を築くが、指導者の豚が独裁者と化し、恐怖政治へと変貌する過程を描いた寓話『動物農場』や、全体主義国家によって分割統治された近未来世界の恐怖を描いた『1984年』は、よく知られているので、ここでは、『われら』と『すばらしい新世界』の二作を取り上げる。

『われら』（一九二一年。ソ連での出版は一九八八年）……二十六世紀、全世界は緑の壁に覆われ、「恩人」が支配する単一国家によって統治されていた。集合住宅はガラス製で、道路には盗聴器が仕掛けられ、空には監視用の飛行機が飛んでいる。すべての住宅に番号が割り振られ、同じ時間に目を覚まし、毎日同じ服を着て、合成食料を食べ、命令されたとおりに働き、性行為さえ当局が管理する。

『すばらしい新世界』（一九三二年）……最終戦争が終結して、暴力のない、安定至上の世界が築かれた。その過程で文化人は絶滅し、それ以前の歴史や宗教も抹殺されている。この世界では、大量生産、大量消費が是とされており、イエス・キリストに代わって自動車王フォードが神として崇められている。人間は受精卵の段階から培養ビンの中で製造され、選別され、階級ごとに体格も知能も決定される。ありとあらゆる予防接種を受けているので病気になることはない。六十歳ぐらいで死ぬまで、若い。睡眠時の教育で自らの階級と環境にまったく疑問をもたないように教え込まれ、人々は生活に満足している。家族は存在せず、結婚は否定され、人々は常に一緒に過ごして孤独を感じることはない。嫉妬も、隠し事なく、だれもが皆のために働いている。一見したところ、まさに楽園であり、すばらしい新世界である。

――私たちの社会はまだここまでひどくないにしても、これらの作品が書かれたころに比べれば、監視カメラの発達やマイナンバー・カードなど、世の中は確実にこの方向に向かっていることは否定できない。

6　どうすれば信頼関係が築けるか

一口にコミュニケーションと言うが、これが都会での生活であれば、相手が気に入らなければつきあわないだけの話だし、やむをえずつきあう場合は、表面的な親しさにとどめて、厄介なことには立ち入らないで済ませられるのに、今度のようにとことんつきあっていかなくてはならないとなると、なかなかどうして容易ではない。

一般に、相手とコミュニケーションを良好にし、こちらの思っていること、考えていることを正しく伝え、それを理解してもらうには、相手とのあいだに信頼関係が築かれていることが大切で、そのためのステップは以下のごとくとされる。

1　相手の様子、状況をよく観察する。

2　意識的に相手に合わせ、話しやすい雰囲気をつくる。

3　相手に親近感を感じながら、話をよく聞く。聞くことによって、相手の思いや気持を理解していく。

4　純粋に相手に興味を持ち、問いかけをおこなう。そして、相手がまだ言葉にできていない、または意識していない事柄を引き出す。

5　共感する。相手のことを認め、誉め、励ますことも大切。

つまり、相手の価値を認め、その立場を把握する。ここまできて、ようやく相手の状況が理解でき、信頼関係を築くことができる。このような状態になってはじめて、こちらが伝えたいことを受け取ってもらいやすくなる。ここから先が、自分の思いや考えを伝え、理解してもらう段階になる。

私としては、前著を著すにあたって、村内の人たちとじかに接し、そこで得たことを、問題点も含めてであるが、世に問うたことがこれであると思っていた。しかし、それでは不足どころか、かえって反撥を招いてしまった。続いてのステップは、こうである。

6　まずは、「こういう見方・考え方もあるのでは」と提案することで、ネガティブな状態をポジティブな気持に変え、「学習や成長の機会」と受け止めてもらう。

7　こちらのアドバイス、要求、提案、依頼などによって、相手のなかに気づきが生まれる。「そうか、なるほど」という発見によって、相手は成長する。

8　今すぐにできる小さなことでもいいので、具体的な行動を計画する。

で、「日々新しき村の会」を結成し、新しき村の再生案を示して村内に働きかけをはじめたのが、これである。通常ならここで望ましい変化が現われ、変化や成長を自覚することで、お互いのモチベーションが高まり、自発的に次のアクションにつながっていく。ところが、1～5が不十分だったうえに、この6～8で躓いてしまった。はじめからボタンが掛け違っていて、こちらが努力すればするほど、先方の気持は離れ、冷えていってしまったのだ。

手を変え、品を変え、何度も粘り強く村に足を運んだが、結局好転の兆しはなかった。気持を通わせようにも、一方は村の存続を望み、他方は望まないと、根本的なところで対立しているのだから、気持が通じないし、信頼感が醸成されるわけもない。むしろ努力すればするほど、お互いの不信感は増幅され、修復するのが困難になる。

私は仲間のカワグチ兄が次のようにメールしてきたことを、改めて思い出さざるをえなかった。

《村と日々新しき村の会とはコミュニケーションが不足しているとか、フレンドシップが形成できていないとか一部で言われてきましたが、タカシ兄の本音を検証するにつれ、当初思っていた通り、われわれに問題があるのではなく、村人及び寄り添い組の方々のコミュニケーション能力不足、フレンドシップ形成能力不足こその問題があることが明確になったと考えています。

心理学では恐怖と不安は別の感情としてとらえます。恐怖は対象が明確で、例えば眼前にヘビがいるような切迫した事態で喚起されます。一方、不安の対象は漠然としています。不安の解消のために取り得る手段としては、排除するか逃げるかで、「闘争・逃避反応」と呼びます。（朝日新聞「リスク避ける心理が攻撃生む」）

われわれが村からいわれのない偏見や差別を受けてしまう裏には、上に引用した心理が働いているのだと考えます。

とすれば、まずは問題点を明らかにして、村人たちが漠然と持っている不安を解消しなければなりません。さらに、コミュニケーション能力やフレンドシップ形成能力の不足に対しても対処しなければなりません。》

つまり、養老孟司氏の言う「バカの壁」である。この壁に穴を開けることが出来ないのは、徹頭徹尾先方から信頼されていなかったからだと言われれば、それまでだ。けれども、村内会員の側が私たちを排斥するのは、村のことより、自分の身を守ることが大事だと思っているからである。自分たち以外に守る者がいないなら、それもやむを得ないのかもしれないが、私たちが進んで守ろうというのに、それを受け入れないのは、なぜなのか。

現在の村民にそれだけの実績があり、矜持があるというなら、まだ理解できる。しかし、事実はその正反対で、自立からはほど遠く、事実上、村に寄生しているだけなのに、ただ感情的に反撥しているのだから、始末が悪い。それが最低のエゴイズムであることすら、わかっていない。私たちは、村内の不正・不法・不作為を知った以上、いつまでもそれを見逃し、追認しているわけにいかないのだ。

声を上げ、行動することが、もし間違っているなら、周囲に害を及ぼすだけだろう。けれども、それが正しいことなのに、声も上げず、行動もしなければ、それ以上の害を及ぼす。

私たちが声を上げ、行動しても、自分たちの持ち出しが増え、消耗するばかりで、何の見返りもない。理想郷が善意だけではつくれないこともわかっている。たとえ賛成してくれたとしても、実際に行動し、骨を折るのは私たちだ。こんな割に合わないことを引き受けようとしている気持を、彼らは一度でも思ってみたことがあるだろうか。

Ⅵ　公共世界の創出

1　アルカディアとパラダイスとユートピア

私たちの仲間のヒビヤ兄は、「日々新しき村の会」の理論的な支柱だが、理想社会の三態をアルカディア、パラダイス、ユートピアの三つに分けて、それを以下のように説明している。私たちに送ってくれたメールの一節である。

《アルカディア　古代の理想　共生　全体主義（原始共産主義）
パラダイス　近代の理想　競争　個人主義（資本主義）
ユートピア　ポスト・モダンの理想　祝祭共働　アソシエーション（アナーキズム）

簡単に言えば、アルカディアとは、ルソーの文脈における最初の自然状態に相当します。そこは言わばエデンの園であり、人間は猫のように自由に生きているように見えますが、ヘーゲルによれば、そこは獣のみが満足して生きられる楽園にすぎません。もっとも、現代社会における競争原理に疲れ果てた人たちはそこに近代以前の牧歌的な平穏生活を見出すでしょう。しかし、それは神話の世界にのみ見出される幻想（失われた楽園）でしかなく、後ろ向きに回帰しようとしても不可能です。また、人間の進歩への欲望は絶えず豊かな生活へと我々を駆り立てるのであり、たとい始源の共生（原始共産制の調和）というのがあったとしても、それは次第に全体主義へと変質していきます。その結果、化石化した共生原理は因循姑息な悪しき伝統主義を生み出し、個人の自由を抑圧するものと化していきます。そうした閉塞状況を打開したのが近代社会です。そこでは個人の自由が解放され、基本的に個人の可能性を社会的（法的）に許される範囲で自由に追求することが理想とされます。このような近代において求められる理想社会がパラダイスです。

しかしながら、パラダイスにおける薔薇色の生活もやがて失われる運命にあります。確かに、競争原理に基づく現代社会のパラダイスは依然として多くの人を引き付ける大きな魅力（魔力と言ってもいい）を保っているのは事実ですが、その自由主義もしくは個人主義は究極的には人々を幸福にしないでしょう。勝ち組と負け組の格差がますます広がる現状は、負け組にとって耐え難いものであるのは当然ですが、私には勝ち組にとってもパラダイスは理想としての商品価値が下落しているように思われます。何故か。競争に勝つことでどんなに物質的に豊かになっても、それが人間の究極的な幸福にはならないことに人々は気づき始めているからです。

パラダイスにおける物質的な豊かさの追求を水平的幸福と称するならば、人はそれ以上の幸福（精神的な豊かさ）を垂直的次元に求めるに違いありません。とは言え、人間の欲望は底なしで、先述したように大衆の殆どは未だにパラダイスの呪縛から解放されていません。それでも、大量生産・大量消費の快楽、華美で贅沢な生活への憧憬に囚われている個別意志は根深いものの、それが昔日の夢と化しつつある流れは止められず、パラダイスもまた次の段階への飛躍を要請する二律背反の壁に直面しているのです。つまり、我々はアルカディアの失われた共生の理想にノスタルジアを覚えながらも、より豊かな生活への競争に駆り立てるパラダイスも棄て切れないという二律背反に陥っているのです。私はこうした二律背反に近代の超克の課題を見出していますが、そのポスト・モダンの理想社会がユートピアなのです。しかし、それは我々人間にとって最も危険な理想に他なりません。

端的に言えば、パラダイスの限界を超えるユートピアの理想とは、競争原理によって孤立化（アトム化）した現代社会にもう一度共生原理によって社会全体の有機的な結びつき（絆）を取り戻すことです。これはアルカディアの再生と見做すこともできますが、繰り返し述べているように、我々はアルカディアへの後向きの回帰を望むべきではないでしょう。そもそも失われた楽園への回帰は不可能な試みでしかなく、また我々はすでにアルカディアにおける水平的な共生が悪しき平等（強制された平等）に堕落する歴史を知っているからです。従って、重要なことはアルカディアをそのまま取り戻そうするのではなく、あくまでも前向きにアルカディアにおける始源の共生の理想とパラダイスにおける競争の理想の coincidentia oppositorum（対立者の一致）を実現することに他なりません。それがポスト・モダンのユートピアであり、そこでは単なる共生原理と同時に競争原理をも止揚する垂直的な理想が求められます。言うまでもなく、そうしたユートピアこそ私の求めている「新しき村」ですが、問題はその具体的な実現です。マルクスやエンゲルスが揶揄しているように、ユートピアを求める運動が単なる空想的夢物語に終始するならば、それはアルカディアでもパラダイスでもない実に中途半端で醜悪なディストピアと化すに違いありません。その最たるものが全体主義という悪夢の再来です。老化したアルカディアでは共生が全体主義化し、それを批判して成立したパラダイスでは個人の幸福を保証するために全体主義的な権力が求められました。しかし、ユートピアの危険性はそうした二つの危険性とは質的に全く異なるものです。勿論、ユートピアの本質は個人を抑圧する全体主義とは正反対の理想ですが、それが「新しき共生」を目指していることは間違いなく、そこには常に全体主義の危険性があるのです。加えて、それはパラダイスにおける悪しき個人主義（エゴイズムと化した個人主義）を超克する理想でもあるので、より強く、より根源的に「新しき共生」を追求することになります。しかし、ユートピアが求める「新しき共生」は断じて全体主義ではありません。それは悪しき個人主義を超克した「新しき個人」と相即すべきものであり、個人が真に幸福になることができる「世界全体の幸福」なのです。その意味において、「新しき村」は「従来の伝統的な共同体」（古き村）とは厳密に区別されるべきですが、何と言っても「未だない理想」なので、論理だけでは全く説得力がないでしょう。率直に言って、現時点では「新しき共生」が絶対に新しき全体主義にならないという保証はありません。従って、全体主義の悪夢を絶対に繰り返さないために、敢えて瀕死のパラダイスに留まるという決断もあり得ます。それは結果的に悪しき個人主義がもたらす現代社会の諸問題を等閑視することを意味しますが、全体主義への危険性よりはマシだという判断です。残念ながら、ユートピアの理想は未だそうしたパラダイスの事なかれ主義に対抗できるほどに具体化していないのが現状です。ユートピアにおける祝祭共働態は「新しき共生」であり、決して全体主義化することのないアソシエーションだということ、それを明確に示すことが今後の課題に他なりません。》（「危険な理想」）

つまり、ヒビヤ兄の考えでは、新しき村はアルカディアでもパラダイスでもなくて、「新しき共生」を求めるユートピアだが、いまだその理想には到達しておらず、その危険性もよく認識しておくべきだというのである。私はこのヒビヤ兄の考え方に、全面的に賛成する。

ちなみにこのヒビヤ兄は、前著で紹介したように大学院で宗教哲学を修めたあと、アメリカの大学に留学した経験のある俊英。実践のため学者の道を擲って単身新しき村に飛び込み、「土曜会」や「新生会」を起して、四年半ものあいだ村の改革を呼びかけたが、村内の賛同が得られずに十五年前に村を去り、それでも生計を得るための勤務のかたわら、「新・ユートピア数歩手前からの便り」というブログで、こつこつと自分の「思耕」を深める努力を続けている。前著にも書いたが、私がもう手遅れかもしれないと思いながらも、新生・新しき村のために立ち上がったのは、ヒビヤ兄のような人がいたことを知ったからだった。ヒビヤ兄の愛誦する詩を掲げておこう。

六月

茨木のり子

どこかに美しい村はないか
一日の仕事の終りには一杯の黒麦酒
鍬を立てかけ　籠を置き
男も女も大きなジョッキをかたむける

どこかに美しい街はないか
食べられる実をつけた街路樹が
どこまでも続き　すみれいろした夕暮は

若者のやさしいさざめきで満ち満ちる
どこかに美しい人と人との力はないか
同じ時代をともに生きる
したしさとおかしさとそうして怒りが
鋭い力となって　たちあらわれる

私はこの詩を読んで、反射的に谷川雁の詩を思い浮かべていた。

雲よ
雲がゆく
おれもゆく
アジアのうちにどこか
さびしくてにぎやかで
馬車も食堂も
景色も泥くさいが
ゆったりとしたところはないか
どっしりした男が
五六人

おおきな手をひろげて
話をする
そんなところはないか
雲よ
むろんおれは貧乏だが
いいじゃないか　つれてゆけよ

2　コミュニタリアニズムとリベラリズム

さしたる決め手がないままに、新しき村が風前の灯と化した折も折、世界ではいま強欲、格差社会、果ては棄民が横行する新自由主義の行き過ぎを修正すべく、マイケル・サンデル教授（ハーヴァード白熱教室のテレビ放映で、日本でも有名になった）らが主唱したコミュニタリアニズム（共同体主義）の考え方が浸透し始めているのは、何とも皮肉なことと言わなくてはなるまい。

これは、国家や地域、あるいは家族といった、人と人を結ぶ中間項が機能不全に陥った結果、それに代わる新たなコミュニティが求められていることに関係する。コモンズ（社会的共通資本）とか、アソシエーション（協同社会）と呼ばれるものがそれで、従来の固定的な共同体がともすると、全体主義や偏狭なナショナリズムを誘発しかねない反省の上に立って、自他の調和と協同、相互扶助を目指している点が注目されている。

コモンズについては、前に宇沢弘文の説を紹介した。他方、アソシエーションとは、動詞アソシエートから派生した名詞で、その語源からもわかるように、人と人とを結びつける関係概念。人々がある目的、あるいは使命のために、市場原理や国家権力から自立して、相互に対等な立場で、自由意志によって自発的に参加し、対話的行為を通して意思決定し、実践する民主的な非営利・非政府の連帯のネットワークを組織する。いま、先進国のあいだで（日本でも）、新しいタイプの協同組合、共済組合、NPO、NGO、各種ボランティア、ワーカーズ・コレクティブ等々が続々生れているのがそれで、地域通貨や自由通貨の試みも行われている。柄谷行人氏が立ち上げた、前述のNAMもその一つだ。

衣食住、育児、教育、保健、医療、社会福祉、その他もろもろ、私たちの身の回りのことを、国や自治体にだけまかせていてはいけない。これら公共的なことを、社会経済的なアソシエーションのレベルにまで引き寄せて、育てる必要があるとするのである。

その特徴は、個が独立しながら協調し、他者との共生を目的にするところにあるから、これはまさに武者小路実篤が新しき村の創立精神として掲げた理念そのものである。それだけではない。むしろ新しき村が、現代の新潮流を一歩も二歩もリードしているのは、他者との共生のみならず、人類の共生をも視野に入れていることで、そのコスモポリタンな理想は、グローバリゼイションが現実のこととなって、Think globally, Act locally が合言葉になったいま、百年かかってようやく世界が、新しき村の背中が見えるところまで追いついてきたとさえ言えるのだ。

サンデル教授らが唱えるコミュニタリアニズムという考え方は、自由主義の行き過ぎが欧米の先進資本主義産業社会にもたらしたひずみへの反省が基にある。一つはそれが家族や地域社会など、共同的な人間関係の場を崩壊させたという反省であり、もう一つは共同体の崩壊が現代人を蝕む社会病理の真因であるという認識だ。

社会病理の倫理的な側面は、一言で言うと、アノミー（規範喪失）化である。家族や地域社会の解体は、子どもの倫理的社会化の場を消失させ、市場経済の浸食は公共心の衰退と、私利追求・欲望充足の放縦化をもたらした。政治的な側面で言うと、アパシー（無気力）化である。市民の活発な公共生活の場としての中間項（地域社会など）の衰弱は、政治に対するシニシズムとアパシーをもたらした。結果、民主主義の大衆社会的形骸化が進行する。

世界がグローバル化した現在、私たちの周囲でも思い当たることがさまざまある。コミュニタリアニズムはこうしたひずみを是正すべく、個人が所属するコミュニティへの参加と愛着を高めることによって、私益ではなく共益としての共通善を熟議し、公共性を強化することを求める。

この際、サンデルが持ち出す、自由主義の「負荷なき自己」、コミュニタリアニズムの「負荷ある自己」という物差しが面白い。前者は近代の思想が個の独立と純化を徹底させたあまりいまやアトム化してしまったことをいう（実存主義や新自由主義やポストモダン思想は、いっそうこの傾向が強い）。すなわち、負荷なき自己は一切の価値の根拠を自己の意志・決断・選択に求め、かかる選択の能力以外のものに自己の同一性（アイデンティティ）を負わない。個は透明で一見絶対的な自由を共有しているかに見えるが、その自由は空虚である。

対して、後者の負荷ある自己は、一定の歴史や伝統やもろもろの人間関係、生活環境に定位していて、アイデンティティに厚みがある。人格、倫理的な深み、自己省察、友情、愛、記憶、経験……。こうしたことを踏まえて、人は未来を共同形成してゆく共同体のなかで陶冶され、鍛えられて、豊かな人間性が形成される。

コミュニティを重視するといっても、前近代的な共同体がそうであったような、個の全面的な帰属を求めているわけではない。今日、世界の各地で試みられているコモンズやアソシエーションやワークショップなど、新たなコミュニティづくりは、かかるコミュニタリアニズムの実践である。

ついでに言うと、サンデルを日本に紹介した菊池理夫氏は、日本国憲法にある「公共の福祉」の原語は「コモン・グッド」（共通善）なのに、自民党の改憲草案が「公共の福祉のために」を「公益および公の秩序に反しないように」と変えようとしていることに危惧しているのは正しい（『日本を甦らせる政治思想』）。なぜなら、日本語で言う「公」は「お上」の意味で、「公の秩序に反しないように」は、明白に個人の自由や権利は国家や政府によってつねに制限される意味になってしまうからだ。

私はこうしたコミュニタリアニズムの考え方は、現代ではまっとうなものと評価する。否、穏当過ぎるくらいのもので、なぜかといえば、こうしたゆるい共同体のあり方は、百年前から新しき村が実行してきたことだからだ。

したがって、コミュニタリアニズムの生ぬるさを批判するリベラリズムの側からの論客も現れる。法哲学者の井上達夫氏は、憲法改正論議でそのまやかしに抗議し、九条の撤廃と徴兵制をセットで唱えた勇敢な学者だが、『共生の作法』『他者への自由』『現代の貧困』『世界正義論』にも、学ぶべきことは多かった。井上氏は正義の基底性に立脚して、コミュニタリアニズムが批判する負荷なき自己を反省して、その青ざめた自己を逞しい自己へと鍛え直し、共同体に属するという受け身の態度ではなく、あくまでも個が自発的に選択すべきものと主張する（『他者への自由』）。私は、その主張も理解できる。

3　ユートピアの場所とヘテロトピアの場所

私がユートピア思想を再評価するのは、それが安直で口当たりの良い多文化主義でも、平板な社会改良主義でもなくて、むしろそれとは逆にもろもろの困難を引き受けて、それらを打開していこうとする積極的な姿勢が見られるからである。

エドワード・サイードは、主著『オリエンタリズム』の中で、聖ヴィクトル・フーゴー（十二世紀ドイツの神秘主義的スコラ哲学者）の次の言葉を掲げていた（今沢紀子訳）。

《故郷を甘美に思う者は、まだ嘴（くちばし）の黄色い未熟者である。あらゆる場所を故郷と感じられる者は、すでにかなりの力をたくわえた者である。だが、全世界を異郷と思う者こそ、完璧な人間である。》（『ディダスカリコン〔学習法〕』）

これは実に至言というべきで、イェルサレムに生まれたアラブ系パレスティナ人であるサイードが、ディアスポラ（祖国離脱）して、現代有数の知識人として大成した思想的背景が、よくわかる。

柄谷行人氏は、第一段階の「故郷を甘美に思う者」を共同体の思考、第二段階の「あらゆる場所を故郷と感じられる者」をコスモポリタンの思考と捉え、第三段階の「全世界を異郷と思う者」を、スピノザのいう「無限」の境位であると説明している（『スピノザの「無限」』）。

すなわち、共同体の思考とは、「内部と外部の分割・区分を前提としてしまう思考」であり、「コスモポリタンの思考」とは、「共同体・身分の制約を超えられるかのような、また共同体を超えた普遍的な理性とか真理とかがあるかのような考え方」をいい、「全世界を異郷と思う」スピノザの「無限」の境位は、「あらゆる共同体の自明性を認めないということ。しかし、それは共同体を超えるわけではなく、その自明性につねに違和を持ち、それを絶えずディコンストラクトしようとするタイプ」であるとする。

スピノザの「無限」は、一の場合（共同体の思考）の内側と外側の分割・区別を徹底的に無化・無効にしてしまうという意味で「無限」であり、また二の場合（コスモポリタンの思考）のような普遍的なものに飛躍してしまうことがないという意味でも「無限」である。

つまり、新しき村は、ここで言う一と二の要素を備えているだけではなくて、スピノザの言う「無限」の要素さえ備えているという意味で、真に個性的、現代的なのである。

ミシェル・フーコーが「他なる場所」という講演のなかで唱えたヘテロトピアの概念は、その変形であるといっていいかもしれない。フーコーの説明によれば、ヘテロトピアというのは、ユートピアがそうと思われてきたような非在の場所ではなくて、実在の場所である。実在の場所を表象すると同時に、それらに異議申し立てをおこない、ときには転倒してしまうような他なる〈反場所〉を指す。共同墓地、公園、市場、図書館、監獄などが、それである。

私は前著で、新しき村はこの世の異界であると述べたけれど、それはフーコーの言うこのヘテロトピアの概念にも通じるのだ。

新しき村が新しいゆえんは、第一に、従来の地縁・血縁でむすばれた、前近代の自然村ではないことである。第二は、実篤が提唱した理想に共鳴する人々が参加して人為的に作りあげた生活共同体であること。第三は、その理想を発信し、普及させる運動体としての性格があること。第四は、共同体でありながら、全体ではなく個を重視し、尊重していることである。加えるに、サイードやスピノザのいう「異郷」の概念やフーコーのいう「ヘテロトピア」の概念とも符合するのだから、鬼に金棒ではないか。

フーコーのいうヘテロトピアの要素として、私は新しき村が現に図書館や美術館や納骨堂を有し、かつては絵画や創作、演劇活動まで活発に行っていたことを挙げたい。それは趣味や愛好の次元を超えて、各人の生き方そのものだった。新しき村に結集した人々は、世の常識人や生活人一般の通常の暮らしだけでは満足できない衝動を抱えていたのである。だからこそ、国策に従わずに好き勝手をしているように見えた村人は、時局柄危険視されて、日向の村の一部が湖の底に沈められたのであったろう。

大切なのは、悪しき世の中に従順な善人に覚醒を促す意志と、異議申し立ての精神である。それも、マンハイムがイデオロギーとユートピアがともに存在を超越していながら、イデオロギーはそのうちに考えられている内容が、現実にはけっして実現されえないような観念であるのに対して、ユートピアは現存する歴史的現実を反対作用を通じて自分の観念に合うように変形できるとして、次のように述べたことが基礎になる。

《われわれの世界において存在を超越するものが完全に破壊されることは、人間の意志が死滅するような即物性へと行きつくであろう。

ここで、存在を超越するものの二つの種類の間の本質的な区別も明らかになる。イデオロギー的なものの没落は、ただ特定の階層にとってだけの危機を示すにすぎず、イデオロギー暴露によって成立した即物性は、全体にとってはいつも自己自身をはっきりさせることを意味する。それにたいして、ユートピア的なものの完全な消失は、全体としての人間の生成の形態を変えることになろう。ユートピアの消失は、人間自身が物となるような、静的な即物性を成立させる。すなわち、もっとも合理的に自己を支配する人間が衝動のままに動く人間になり、長い間の犠牲に満ちた英雄的な発展のあとで自覚の最高の段階に到達した人間が――ここではすでに歴史は盲目の運命ではなく、自己の創造物になっている――、ユートピアのさまざまの形態の消滅とともに、歴史への意志と歴史への展望とを失う。》（高橋徹・徳永恂訳『イデオロギーとユートピア』）

つまり、人間はこのようにして幻想なしに、存在を乗り越えたイメージを抱き、これを媒介として現実を変革していくことができるのである。彼の望ましい未来のイメージが、過去にも将来にも地上にもまた天上にも、どのような実在性の幻想をもたず、ただ実践によって実現することの可能な一つの可能性として、ただし目下は純粋な虚構にすぎない非現実として明晰に自覚されつつ構想されるとき、このような自覚的虚構は、あくまでも明晰でありつつ存在を根底から変革する力を持ちうる。

4　共同体を持たない人々の共同体

共同体については、以上のほかにもさまざまな考え方があって、奥行きは深い。私たちの考察をより豊かなものにするために、当面する新しき村の課題とは若干離れるが、さらなる寄り道をお許し願う。

ベネディクト・アンダーソンの『想像の共同体』が、ネーション（国民・国家）は、近代に生まれた「想像された共同体」であると述べて以来、国家や民族を既定のものとして語る立場は崩された。メンバーに想像されている限りにおいて共同体として存立しうるという条件は、家族や地域を含むあらゆる共同体に共通しているといえよう。

吉本隆明の『共同幻想論』も、その考え方に近い。人間が個体としてではなく、何らかの共同性の仕組みやシステムに所属するものとして世界にかかわるとき、具体的には国家や法、あるいは政治や宗教といった共同性の領域にかかわるとき、個々の人間は「共同幻想」という心的な世界を引き受け、その世界をリアルなものとして生きざるをえないというのであった。

これらは、共同体を実体として見るよりはむしろ想像や共同幻想に属するものとして、関係態として捉えようとするものだが、これをさらに押し進めると、以下のような否定的、逆説的な共同体論も現れる。

そこに保持すべき何ものもない場処——非—処——としてしか存続せず、いかなる秘密もないがゆえに不可解で、公私の言葉の交換の中でその終りを印す沈黙を響かせてもいる無為のためにしか活動しはしないという、ジャン=リュック・ナンシーの『無為の共同体』や、つねに成就しないことによって成就する結合の嘘を生きるためにのみ、一つに結ばれようと試みるジョルジュ・バタイユやマルグリット・デュラスの営為のうちに共同体の否定的な本質を見ようとするモーリス・ブランショの『明かしえぬ共同体』といった著書がそれで、私にはこれまでとは別の意味で興味深い。いささか難解だが、私が理解した範囲で紹介してみよう。

ナンシーは、ハイデガーが民族に帰着させた共存在の概念に踏み込んで、歴史的実体でも、また投企でもない、個に先立つ存在の様態としての共存在（共にあること）の地平を切り開き、人間の個と共同性に関する思考を一新した。

《共同体とは融合の企てでもなければ、一般的に言って生産のためのあるいは活動のための企てでもない——端的に言えば企てといわれるものではありえない（そこにまた、ヘーゲルからハイデガーにいたるまで、集団を企てとして、また逆に企てを集団的なものとして思い描いてきた「民族の精神」との根源的な相違がある——このことはわれわれが「民族」の特異性に関して何も考えなくてよいなどということではない）。

共同体とはその「成員」に、彼らが死すべき者だという真実を呈示するものにほかならない（つまり不死の者たちの共同体などないということだ。不死の者たちの社会なり合一なりは想定しうるとしても、その共同体を想定することはできない）。それは有限性と、有限な存在を形造っている寄る辺ない過剰との、言いかえれば死とそして誕生との呈示そのものなのである。ただ共同体だけが私の誕生を私に呈示し、そして私がそれを越えて遡ることも、また死を跳び越えることもできないというその不可能性を私に呈示する。》（西谷修・安原伸一朗訳『無為の共同体』）

従来の共同体に対する考え方からすると、ずいぶんペシミスティックに思えるかもしれないが、そうではない。ナンシーによれば、共同体とは、近代の成立によって失われた過去の何ものでもなければ、個の止揚としての全体的国家（あるいはそれに似た組織、集団）のうちに実現されるものでもなく、そのような弁証法的歴史的展望の外で、社会が排除している当のものとして、社会から発しわれわれに生起する出来事なのである。共同体は有為の人間、生産する主体としての人間が構成する社会の外、その社会の解体のうちに限界として現出する。そしてその契機は死である。

《共同体は、われわれのいっさいの企てや意志や企画のはるか手前に、存在とともに、そして存在と同様、われわれに与えられている。実のところわれわれは、それを失うことなどできないのだ。社会はあたう限り共同体的でないのかもしれないが、社会という砂漠のなかには、たとえ微小で捉えがたいほどだとしても、共同体的なものがいささかもないということはありえない。われわれは共-出現せずにいるわけにはいかないのだ。ただ、究極的にはファシズムの群衆だけが、具現された合一の錯乱のなかに共同体を無化してしまう傾向を示す。そしてそれと対をなすように、強制収容所――絶滅収容所、絶滅強制収容所――はその本質において共同体を破壊する意志を表わしている。しかしおそらくそうした収容所の中にあってさえ、共同体はけっしてこの破壊の意志への抵抗を完全に止めてしまうことはないだろう。ある意味では、共同体とは抵抗そのものである。つまり内在に対する抵抗だ。それゆえ共同体とは超越性である。だが、「聖なる」意義をもはやもたない「超越性」は、まさしく内在への（全員の合一への、あるいは一人ないし幾人かの排他的情熱への、要するに主体性のあらゆる形態、そのいっさいの暴力への）抵抗以外の何ものも意味しない。》（同右）

ブランショの『明かしえぬ共同体』は、このナンシーの強い影響のもとに、それを踏まえて書かれている。結論部を引く。

《明かしえぬ共同体、これははたして、この共同体がそれ自身を明らかにすることはないということを意味しているのか、それともこの共同体には、その実態を明らかにするいかなる告白もありえないということを意味しているのだろうか――少なくとも、ここでこれまで共同体の在り方が語られるたびに、把握されたのはただ、欠如によってそれを存在させるものばかりだと感じられるからには。それならば口を閉ざすべきだったということなのか。その逆説的な特徴ばかりを力説することよりも、かつて一度も生きられたことのないひとつの過去を同時代のものとする体験として、むしろ共同体を生きるべきなのだろうか。あまりに名高く繰り返し語られてきたヴィトゲンシュタインの「語りえぬものについては沈黙しなければならない」という教えは、そう言表した彼自身が自分に沈黙を課すことができなかった以上、決定的に口を閉ざすためにこそ語る必要があるのだということを指示していると受けとるべきだろう。しかし、いかなることばで語るのか？　それはこの小著が他の書物に委ねる問いのひとつである。だがそれは、他の書物がそれに答えるためというよりは、それらがこの問いを担い、それを引き継ぐためである。そうすればやがて人は、その問いがまたひとつの逃れえぬ政治的意味をもつことを見出すだろうし、その問いは私たちが現在という時から関心を失うことを許さないということを悟るであろう。現在、それは未知の自由の空間を開きながら、私たちが営みと呼ぶものと無為と呼ぶものとの間の、つねに脅かされつねに期待されている新たな関係についての責任を、私たちに担わせるものである。》（西谷修訳『明かしえぬ共同体』）

ここを読んだだけでは、何のことかよくわからないかもしれないので、訳者である西谷修氏の解説（抜萃）で補わせてもらう。

《彼（＊ブランショ）は革命とファシズムという大災厄の中にのみこまれ流し去られてしまったおのれの病いを知っている。彼はこの病いを、ペストから市民を守ろうとする医師のようにも、足元への伝染を恐れて疫病の撲滅を叫ぶ健康者のようにも語らない。なぜならこの病いは〈共同体への傾斜〉を不可避のものとして抱える〈近代〉という病いであり、その病いは政治的国家やさまざまな教義のうちに物象として存在する否認の対象ではなく、おのれ自身の病いだからである。ニーチェは、病者のみが知りうる快癒、「大いなる健康」について語ったが、ブランショはその教えを引き継ぎ、この病いをみずから生きることによって病いそのものを健康ならしめようとするかのようである。

人間が自分ひとりでは完結しえない有限な存在であるということ、このこと自体がすでにひとを他者へと、共同体へと運命づけているのだが、共同体はこの有限性を贖(あがな)うべき超越として、あるいはそこに帰属すべき内在として求められるのではない。未完了で有限な存在としての人間が、みずからの条件を（あるいは病いを）そのままに担い、自分自身の有限性にさらされるとき、そこにすでに〈共同体〉がある。（中略）

〈コミュニケーション（communication）〉、この語をブランショは共同体 communauté と共産主義 communism の結び目に置いている。この〈コミュニケーション〉こそは、制度的なあるいは共同幻想としての共同体を排除する〈共同体なき共同体〉の不可能な実質にほかならないし、制度としての持続を拒否し、いかなる政治党派によっても再回収されることのない〈共産主義〉の同じく不可能な実質でもある。（けれどもその不可能事が出来事として出来することがある）。共産主義と共同体との隔たりが見えなくしていたものとは、何ものかの共有、そうして共有する主体を絶対的個人としてあるいは国家として疎外する共有ではなく、むしろ共有すべき何ものももたないこの直かの〈コミュニケーション〉なのである。（中略）

〈共同体〉はそこに起こっている、しかし実体としてあるわけではない。それゆえの共同体の要請であり共同体への要請だが、全体主義が問われる現代を根底で規定しながら見失われているこの二重の〈共同体の要請〉を喚起し、共同体を国家へと権力へと引き寄せるような形でしか抱懐しえない思考を問い、そしてその問いを人と人との関係にまつわるいっさいの場面へと、〈共同体〉へと開いてゆくこと。ジャン＝リュック・ナンシーに触発され、バタイユの共同体を語り、デュラスとの共同体験を喚起しながらその作品を語り、その考察をレヴィナスの思考に共鳴させ、さらに無数の無名の大衆の記憶を喚び起こしながら、幾重にも〈共同性〉を交響させて、この本の中でブランショが果たしているのはそれである。》

ナンシーやブランショよりさらに過激な、アガンベン『到来する共同体』という著書もある。ここでアガンベンは、〈なんであれかまわないもの〉という概念を呈示する。

《〈なんであれかまわないもの〉は、個物ないし単独の存在をある共通の特性（たとえば、赤いものであるとか、フランス人であるとか、ムスリムであるとかといったような概念）にたいして無関心なかたちで受けとるわけではなく、それがそのようにあるがままに存在しているままに〔ありのままに〕受けとるにすぎない。このことによって、個物ないし単独の存在は認識に個別的なものの言表不可能性と普遍的なものの可知性のいずれかを選択することを余儀なくさせる偽りのディレンマから解き放たれる。》（上村忠男訳『到来する共同体』）

この考えを国家や共同体というものに向けて適用すると、こうなる。

《なんであれかまわない個物ないし単独者の政治、すなわち、その共同体がなんらの所属の条件（赤いものであるとかイタリア人であるとか共産主義者であるとかいったような）によっても、そうした条件のたんなる不在（最近フランスでブランショが提起した否定的共同体）によっても媒介されることなく、所属それ自体によって媒介されているような存在の政治とは、どのようなものでありうるのだろうか。

（中略）

到来する政治の新しい事実とは、それがもはや国家の獲得や管理のための闘争ではなく、国家と非国家（人類）のあいだの闘争、なんであれかまわない単独者たちと国家組織との埋めることのできない分離になるだろう……（中略）

複数の単独者が寄り集まってアイデンティティなるものを要求することのない共同体をつくること、複数の人間が表象しうる所属の条件を（たんなる前提のかたちにおいてであれ）もつことなく共に所属すること――これこそは国家がどんな場合にも許容することのできないものなのだ。》（同右）

一般に私たちが共同体と言うとき、前提になっているのは、その構成員のあいだに何らかの共通性や同一性が認められるということである。そこから、帰属意識や仲間意識が生まれる。ところが、この帰属意識や仲間意識が曲者で、自己中心的な排他性へと容易に転化してしまうことは、わが新しき村のみならず、ゲーテッド・コミュニティや「人民寺院」の例でも見てきた通りである。今日燃え盛る民族紛争や国家間の抗争も、もとをただせば、この帰属意識、仲間意識があればこそである。

しからば、そうした意識を絶つため、共同体というような観念を廃絶してしまえばいいかというと、どうしてそう単純なことではない。なぜなら、共同性とは正反対の個の概念ですら、本質的にアイデンティティ（自己の帰属性）の概念に立脚しているからである。

それだけに、ファシズムの大災厄や革命の堕落腐敗を嫌というほど体験したナンシーやブランショらが、そうはならない共同体の在り方を追及した試みは、貴重である。これをわが国の例でいえば、橋川文三の『日本浪曼派批判序説』や前述した吉本隆明の『共同幻想論』が、それにあたる。私たちは、目の前の新しき村が抱えている問題以外にも、こうしたことまで視野に入れながら、未来の共同体、未来の新しき村を考えていく必要があるのだ。

5　単独者同士の連帯

ここで私たちにとって自己と他者、「われ」と「われわれ」、「私」と「共」と「公」は、どのように関係しているかを考えてみたい。

自由で独立した個人の概念は、近代になって生まれた。「君は君　我は我なり　されど仲良き」。実篤の言う「君」にも、「我」にも、個を尊重する近代人としての誇りと自覚が感じられる。こうも言っている。

私は一個の人間でありたい
誰にも利用されない
誰にも頭を下げない
一個の人間でありたい
他人を利用したり

他人をいびつにしたりしない
そのかわり自分もいびつにされない
一個の人間でありたい

対して、「他」については、「されど仲良き」あるいは「共に仲よく」としか言っていないのが、私にはもの足りない。むしろ、人間のあり方そのもの、生そのものが、「他者」との共生抜きには考えられないのだから。

つまり、ハイデガーの言う「気づかい（ウムシット）」と「現存在（ダーザイン）」である。たえず存在の意味を問い、その本質を把握しようとつとめる人間は、他人を「気づかい」、他者からの呼びかけに応答しようとする。こうした他者への関心と応答に「現存在」としての人間がある。これは、「自」が「他」に規制され、従属することを意味しない。本来の自己に目覚めることである。

神を失い、足元の大地が滑り落ちるような不安をかかえている現代の人間は、どこにも自己を位置づける根っこを持ちえず、大衆の一員として既成の集団（国家や家族や職場など）のシステムにはめこまれ、水平化されたなかで生きている。これを克服するには、徹底した孤独意識のなかで真の自己自身に目覚め、その自由な決断によって、自己独自の充実した生活を世界のうちに実現し、そのような自由な存在としてのみ心の通い合う真実の友人と連帯する以外にない、という意味のことを、ヤスパースも言っていた。

共生というとき、私たちは自己がつくり出す世界だけでなく、他者の存在を承認することからはじめて、他者とともに共働で作り出す世界を視野におさめなければならない。共生とは自己と他者との関係性であり、究極的には、神の前では単独者であらざるをえない人間同士の連帯の場である。

では、「われ」と「われわれ」、「私」と「共」と「公」については、どうだろうか。この場合、重要なのは、「公」はパブリックであって、「官」、すなわち中央政府や地方自治体だけを指すのではないことだ。日本でパブリック・スクールというと、公立（官立）のように聞こえるが、イギリスのパブリック・スクールは、日本でいう私塾を一般に開放したのが始まりだから、私立学校である。「私」が集まって、「公」になる。だから、公共事業といっても、本来的には国や自治体が進める行政事業に限られなくて、市民が担っても、企業が担ってもいい。

かつては、日本にも「公界（くがい）」という概念があった。中世史家の網野善彦が『無縁・公界・楽』で詳述したように、税が免除されたり、罪を免れたりする「無縁」が認められる空間（駆込み寺など）が「公界」で、そこでは時の権力が介入できない自治が行われていたのである。

いっとき、与党の幹部がよく口にして、それはむしろ国民に自己責任を押し付けるものだとして評判の悪かった自助、共助、公助という言い方も、この「私」と「共」と「公」という考え方に基づいている。「定常型社会」（持続可能な福祉社会）の提唱者である広井良典氏は、三者の本来的な構造と、今後目指すべき方向性について、以下のように述べている。

《市場経済が展開していく以前の（農業を基盤とする）伝統的社会においては、互酬性（reciprocity）を基礎においた、相互扶助的な関係を中心とする共同体が基本をなしていたと考えられる（「共」的なシステム）。同時にこうした社会は、生活様式や技術体系、習俗、規範等においても一定の恒常性を保っており、いわば〝静的な定常型社会〟ともいうべき性格をもつものだった。

一八世紀前後以降の市場化ひいては産業化の展開において、こうした秩序は大きく変容し、一方において私利の追求を積極的なインセンティブとする「私」の領域としての市場経済が飛躍的に拡大し、それとパラレルなものとして、市場に対して様々な介入を行う「公」の領域としての政府部門が展開する。こうした公的部門は当初はいわゆる夜警国家的な形態のものであったが、こうした進化の延長線上に、産業化の後期の時代においては、先ほどから議論しているような「市場経済に対する事後的な補完システム」としての福祉国家が位置することになる。

そして、「公―共―私」の役割構造をめぐるポスト福祉国家（ないし「福祉社会」）の議論の構図は、基本的に次のように概括されるといえるだろう。すなわち、

（a）　こうした変化の先に、以上のような「私」とも「公」とも異なる、いわば「新しいコミュニティ」とも呼びうるような、新たな「共」の領域が展開していく。

（b）　一方でこの領域は、〝新たな公共性（あるいは市民的公共性）の担い手〟として、それまで政府が担っていた役割の一部を代替していく。

（c）　同時に他方では、市場経済の主体であった企業もまた、「営利と非営利の連続化」という現象や、いわゆる企業の社会的責任等といった文脈を含むかたちで、部分的に《共》の領域の担い手とクロス・オーバーしていく。》（『コミュニティを問いなおす　つながり・都市・日本社会の未来』）

すなわち、伝統的な共同体に対して、「新しいコミュニティ」は、このようにして、あくまでも自立的な個人をベースとして、自発的かつ開かれた性格の共同体になっていくというのである。私はこれを読んで、公的領域の重要性を説くハンナ・アーレントが、『人間の条件』の冒頭で、労働（labor）、仕事（work）、活動（action）のうち、活動をもっとも高く評価していたことに思いを馳せた。

《労働 labor とは、人間の肉体の生物学的過程に対応する活動力である。人間の肉体が自然に成長し、新陳代謝を行ない、そして最後には朽ちてしまうこの過程は、労働によって生命過程の中で生みだされ消費される生活の必要物に拘束されている。そこで、労働の人間的条件は生命それ自体である。

仕事 work とは、人間存在の非自然性に対応する活動力である。人間存在は、種の永遠に続く生命循環に盲目的に付き従うところにはないし、人間が死すべき存在だという事実は、種の生命循環が永遠だということによって慰められるものでもない。仕事は、すべての自然環境と際立って異なる物の「人工的」世界を作り出す。その物の世界の境界線の内部で、それぞれ個々の生命は安住の地を見いだすのであるが、他方、この世界そのものはそれら個々の生命を超えて永続するようにできている。そこで、仕事の人間的条件は世界性（ワールドリネス）である。

活動 action とは、物あるいは事柄の介入なしに直接人と人との間で行なわれる唯一の活動力であり、多数性という人間の条件、すなわち、地球上に生き世界に住むのが一人の人間 man ではなく、多数の人間 men であるという事実に対応している。》（志水速雄訳、以下同）

人間的な生（ビオス）と、動物的な生（ゾーイ）との違いである。公的領域と私的領域との違いについては、こう述べている。

《公的領域そのものにほかならない（＊古代ギリシアの）ポリスは、激しい競技精神で満たされていて、どんな人でも、自分を常に他人と区別しなければならず、ユニークな偉業や成績によって、自分が万人の中の最良の者であること（aien aristeuein）を示さなければならなかった。いいかえると公的領域は個性のために保持されていた。それは人びとが、他人と取り換えることのできない真実の自分を示しうる唯一の場所であった。》

《私的なるものと公的なるものとの違いは、必然と自由、空虚さと永続、そして最後に、恥辱と名誉の対立に対応する。しかし、ただ必然的なるもの、空虚なるもの、恥ずべきものだけが、私的領域の中にそれにふさわしい場所を求めるというのではない。この二つの領域の最も基本的な意味は、一方には、ともかく存在するためには隠しておく必要のあるものがあり、他方には公に示す必要のあるものがあるということである。どういう文明のどういう場所にあるかに係わりなく、人間の活動力は、それぞれ、それにふさわしい場所を世界の中で占めていることがわかる。》

今日、労働や仕事は、滅私奉公とさして変わらない灰色のものと化してしまった。逆に個にしか関心がなくなれば、公も共も邪魔なだけだ。それに、一口に公的領域への参加と言われても、いまの私たちには、せいぜいが町内会とかボランティア活動くらいなものである。これではあまりに貧しい。アーレントがここで言う真の意味での公的領域への参加を果たし、労働や仕事以上に活動を重視しようとするなら、やはりそれにふさわしい場を創造しなくてはならないだろう。

Ⅶ　起死回生

1　葬られた質問状

予期した以上に村内側の反応、態度が頑(かたく)なことに、私は何度も苦しんだ。たとえこちらの考えていることが正しくても、村内で長く暮らしてきた人の身になって、どうすれば受け入れてもらえるか熟慮しなくてはならないのは当然だからである。

私たちの提案を受け取った側は、自分たちがこれまで何の努力もしてこなかったことを責められていると受け止めて、恐れおののき、傷ついてしまったのかもしれない。村を再生したい気持はやまやまだけれど、もはやその力がないことにうちひしがれているのかもしれない。

私の不手際のせいで、いまだに村民の協力が得られないことを詫びても、弁護士のPさんは動じなかった。あと数年すれば黙っていても向うは手を上げざるを得ないだろうから、それまでは静観するのが賢明だとアドバイスしてくれ、私も同感だった。

W会長もまずはお互いのコミュニケーションと信頼感の醸成が大切だから、決して急がないでくださいと常々心配していた。先に述べた足し算と掛け算の比喩で言えば、いまは足し算の段階すら始まっていないのだ。掛け算のことを持ち出すのは、逆効果である。それを重々承知していたからこその、これまでの忍耐であった。

けれども、いくらそれが現実であるからといって、悪しき現状を容認し、黙認しているだけでいいのか。たとえ紛糾し、対立することがあっても、お互いが理解を深めるには、それを避けてはならない。現実は、鍛えてこその現実ではないのか。

問題は、老後を静かに過ごしたいとのみ願って、村を存続させる意欲も能力も失った村内の会員が、進んで私たちに協力してくれるようになるのは無理としても、せめて妨害はしないようにするには、どうすればいいかだが、天から村の存続は頭になく、そういうことになれば、自分たちの生活も老後も破壊されてしまうと固く信じている住民に向かって、これを改めてもらうのは容易でない。

なるほど、私たちの目的は遠大だ。再び自活を達成し、真に自立するまでは、外部の多くの人や団体に呼びかけて、支援を仰ぐ必要もある。しかし、そのためには村内・村外がオール新しき村で取り組まなければならない。新しき村が内紛状態でいて、協力者が現われるわけはないのだ。だから、村内の居住者には老後を安心して暮らしてもらえるようにする。それは大前提だ、といくら説明しても、信用してくれない。

私たちは当の村民に新しき村の価値を再認識してもらいたい、新しき村に最後まで残っていることに誇りを持ってもらいたいと歯がゆい思いをしているが、とうの昔に理想を失ってしまった人たちに、即効性のあるプランを提示するのならまだしも、すぐには実現できそうにない未来の新しき村像を説いても見向きもされないのはわかっている。まして、いくら村の精神を説いたところで、村外の人間が何を今さらと反撥するだけで、私たちが本気になればなるほど、殻を閉じるだけだろう。

　地域づくりに必要なのは、若者、バカ者、よそ者、いる者だということを、何かで読んだことがある。若者は近い将来に期待するとして、いる者が現村内会員なら、バカ者、よそ者が私たち村外会員だ。バカ者、よそ者で結構。それならそれで、誠心誠意努力するのみである。

　村民のエゴイズムは明らかで、それを粉砕しなくては前には進めない。しかし、それが自己保存の本能に根ざしているのであれば、ある程度譲歩しなくてはならないだろう。そこに、私たちのジレンマがある。

　しかし、さすがの私もじれてきた。このまま膠着状態が続けば、いたずらに時間だけが過ぎ、いよいよ村内側のペースにはまるだけだし、P弁護士とW会長がその気のあるうちに、出番を作る必要もあると考えた。それに、これまで私に協力し、私を支えてくれた仲間の気持を思うと、じっとしていられなかった。Pさん、Wさんが良い顔はしないと分っていたが、私は現状を打開するには、こちらから動くしかないと仲間を説いた。

　二〇一九年十二月十日、年末定例の評議員会・会員大会で、村内・村外の主だった会員が集まるのを機会に、理事会、評議員会、村内村外の関係者全員に向けて「皆様への質問とお願い」という質問状（当初は、「公開質問状」と題していたのを、表現を柔らげた）を呈示したのは、これまで何を言っても、こちらの提案に向き合おうとせず、無視し続けた彼らに、反対なら反対で、その理由をはっきり表明してもらうためだった。

　私は出席者全員にプリントを配布したのち、皆にしっかり聞いてもらうため、ハンドマイクを使って、ゆっくり読み上げた。

1　「一般財団法人新しき村」は、「新しき村」の理念に沿って、その精神を実践し、発展させ、普及するのが目的で結成されたと同定款にあり、理事会が毎年監督機関に提出する事業計画書には、それに沿ったことが抽象的に書かれています。しかし、いつも判を捺したように同じで、その理念も精神も目的も、実際はあまり実行されているとは言えません。ことに「一般財団法人新しき村運営の理念に基づき」と明記されていますが、「新しき村運営の理念」について具体的にどうお考えなのでしょうか。加えてその事業について言うなら、年度ごとに収支を見直して、具体的な改善計画を作成し、それを実現に導くのが理事会・評議員会の役目ですが、これらのことが出来ていない現状を、理事や評議員の皆さん、そして関係者である皆さんはどう思われますか。

2　この「一般財団法人新しき村」は、公益財団法人法の改正に伴って、やむなく移行した便宜上・書類上の組織とのことで、トータルな新しき村は、毛呂山新しき村、日向新しき村、村内・村外の会員、毛呂山支部、東京支部、神奈川支部、日々新しき村の会など、村内と村外からなるオール新しき村で構成されています。このことを皆さんはご承知でしたか。

3　問題は、トータルな村からすると全体のごく一部に過ぎないこの「一般財団法人新しき村」の理事会・評議員会が、事実上、村の重要な決定事項について全権限を握っており、そのメンバーが現在は理事長・理事・監事は八名全員、評議員も九名中八名が、村内および村内側近者で占められているため、村外の会員の意見は、ほとんど反映されないことです。これは村内村外が共同で運営する新しき村の精神に反するだけでなく、著しくバランスを欠いていて、公益性のある団体において、法律上も社会通念上も許されることではありません。したがって、理事の再選や、いずれ議題になる次期評議員の改選については、よほど慎重に進める必要がありますので、三月のこの会まで延期すべきです。

4　私たちが常々不思議に思っているのは、現在の毛呂山の村と日向新しき村とが、ふだんは没交渉なことです。一般財団法人新しき村は、日向の村とは別組織というのがその理由のようですが、新理事にはルーツである日向の村の村内会員を迎え入れる、評議員には村外の会員も多く加えるなど、大幅な補充が必要と思いますが、いかがでしょうか。遠方であることは、就任を拒否する理由になりません。

5　武者小路実篤師が独創した、村内会員・村外会員という二重の組織は、これまで村が度重なる苦難を乗り越えるのに大きな役割を果たしてきました。けれども、現在はかつてのような闊達な交流に乏しく、本来の機能が発揮しにくくなっているように思います。皆さんは、両者の機能と役割について、どうお考えですか。

6　村内では、私たちが何かお願いしても、それは誰某に聞いてくれと、自分で引き受けることを避ける傾向があり、正式な協議の場で許可を得たことでも、その場にいなかった誰かが一人でも反対すると、簡単にひっくり返ってしまいます。個を尊重して、誰にも命令しない、されないのは結構ですが、組織としての意思決定のシステムや責任の所在は、どうなっているのでしょうか。

7　あるとき、私たちが村外会員と連絡をとる必要があるので、名簿を見せてほしいとお願いしたところ、村は個人情報保護法を楯に断ったことがありました。これは村が重要な事業の一つとして、定款の第四条に掲げる「真に人間らしく生きることを願っている国内外の有志に新しき村の存在を知らしめ、その連携の輪を広げ、各地に結成される「新しき村の集い」の拠点として、会員同士の親睦を図る」に反し、同じ会費を払っているもの同士の交流を禁じることに等しく、納得できません。求めがあれば応じるのが、むしろ義務ではないでしょうか。

8　先ほどカワグチ兄から検証結果の報告がありましたが、私たちは太陽光発電の是非を問うたのでも、導入に尽力された関係者やそれを承認した理事会・評議員会の責任を問おうとしたのでもありません。結果的に、法律上プールしておいて何ら問題のなかった貴重な財産を失ってしまったことは十分反省して、今後を建設的に考える反省材料にしようと申し上げているのです。ご理解いただけたと思いますが、いかがでしたでしょうか。

9　現在、村友会の預金残高は約六五〇〇万円。このままでは、あと数年で底をつき、不動産を切り売りせざるを得なくなります。また、「一般財団法人法」二〇二条―六―二は、「ある事業年度及びその翌事業年度に係る貸借対照表の純資産額がいずれも三百万円未満となった場合において、当該翌事業年度に関する定時評議員会の終結時に解散する」とあり、この時点で新しき村は消滅し、村民は立ち退くことになりますが、これをどうお思いですか。

10　現在の村内居住者（毛呂山）の年齢は、八十四歳、七十七歳、七十七歳、七十六歳、七十一歳、六十八歳、六十七歳、五十二歳、四十三歳。自由村民として義務労働からは解放されるはずの高齢者が、病いをかかえたまま重労働に従事しています。百周年まではと何とか頑張ってきたけれど、自分たちは正直もうお手上げだから、今後は当面の収入を確保するため、新村堂の売却や、土地の売却もやむなしとの声も一部に出ているようです。こうしたことを、村内の一存で決めていいとお考えですか。

11　仮に村を閉じるとしても、財団法人組織である以上、居住者が勝手に財産を分け合うなどのことは法律で禁じられています。すなわち、「一般財団法人法」には、二〇六条から二四一条まで三十六条にわたって厳密かつ複雑な手続きが詳細に規定されており、これを適正におこなうには、大変な労力と高度な財務処理知識と法律知識を要し、それで老後の生活が保障されるとは限りません。こうした方法の是非について、お答えください。

12　私たち「日々新しき村の会」は、出来ることから始めて、二年計画、五年計画、十年計画で、村を再建の軌道に乗せ、将来は、福祉・芸術・教育を三本柱にした二十一世紀の新しき村創生のプランのもとに、人、資金の用意から、行政、大学、その他さまざまな団体との協力体制の構築まで、実行可能な具体的計画を練っています。真っ先におこないたいのが、村内と合同の再建協議委員会の設置で、このことを、今回は強く求めます。私たちが目指すべきグランドデザインは、新しき村創設の初源に立ち返った、二十一世紀に相応しい自立した公益財団法人としての姿です。少人数では出来ないことでも、専門家の知恵を借り、創意工夫を重ね、皆が協力し合えば、案外、ものごとは順調に進み始めます。こうした構想を、いかが思われますか。

13　これらのことを机上のプランに終わらせないため、私たちは実現に必要な人材・資金・叡智を結集すべく、専門家や専門機関のみならず、広く一般に協力を呼びかけます。それには、他では求められない新しき村ならではの魅力と将来のヴィジョンを打ち出すことが不可欠です。私たちは高齢で、これが最初で最後の機会です。新しき村創立の精神に立ち返り、それを深めて、瀕死の村を救出し、新たな理想郷の建設に立ち上がりませんか。それとも、こうした思いは、現在村が陥っている現実とはまったくかけ離れた空想で、どう考えても、どこから見ても、夢のまた夢で、私たち当事者や関係者にはその実現に向けて踏み出す能力はなく、むしろ衰亡を早めるだけなので、さっさと諦めるべきでしょうか。

14　超高齢化、後継者難、空洞化、累積する赤字は、今日、日本中の町や村のあちこちで起きていることで、人々の善意だけで支えられてきたこの新しき村は、時代の最大の犠牲者なのだと思います。しかし、だからといって、このまま耐え忍んでいるだけでは、未来を切り拓けません。今こそ発揮すべき新しき村の真価が、台無しになってしまいます。大事なことは、辛いかもしれないけれど、目の前の厳しい現実を直視して、共に立ち上がることです。勇気を持つことです。そのためには、まず何より先に、お互いの信頼関係を確かなものにしなければなりません。そうするには、お互い、どうすればいいでしょうか。

15　最後にお訊ねします。村はこのままそっとしておくのがいいというのであれば、それまでですが、そうではなくて、本当は、この大切な村が存続したほうがいいと望んでおられるなら、どうすればいいとお考えですか。（以上、文責・前田速夫）

質問状を読み上げながら、私は不覚にも、思わず胸が詰まってしまった。新しき村の理想も何も、村民のおおかたや、村内側近組が多数の出席者が、ほぼ全員白けた顔をして、早く終わらないかと無気力な顔をさらしていたからである。

しかし、ここで負けていられなかった。私は質問状に添えて、答えやすい設問を添え、イエス、ノー、わからないの項目に○印をつけてもらう回答用紙（略）を、全会員ならびに関係者に、来たる《新しき村》一月号発送の際、同封して送るよう強く求め、やっと了解してもらった。

この日、私に続いて仲間のヒビヤ兄も、用意していた「村中八策」（坂本龍馬の「船中八策」にならった檄文）を読み上げた。

瀕死の新しき村を再生すべく、次の八策を提言する。

一、「新しき村の精神」について、今一度それぞれ自らの実存をかけてその理解に努むべき事。

一、たとい他者の理解が自分の理解と異なっていたとしても、「新しき村の精神」の一つの解釈として尊重すべき事。

一、その上で、徹底した議論を通じて、それぞれの「新しき村の精神」を相互承認できる解釈の地平を見出すべき事。

一、その地平において「新しき村の精神」に共鳴する者は全て新しき村の同志であり、旧来の村内・村外の区別は実質的な意味を失うものとすべき事。

一、近代に始まるニヒリズムと格闘する新しき村の理想は世界的な広がりを有し、無責任な開発至上主義を止揚する「近代の超克」を喫緊の課題とすべき事。

一、新しき村は単なる宗教でもなければ社会思想でもなく、「人間として本当に生きる」ことを求める全ての人が連帯する場であるべき事。

一、新しき村において、人は「食うための労働」と「自己を生かす仕事」の調和を目指し、自らの生業（なりわい）を祝祭共働と為すべき事。

一、祝祭共働態としての新しき村は、「肉体の糧」を求める水平の次元と「魂の糧」を求める垂直の次元が螺旋的に統合される（恰もＤＮＡの二重螺旋のように）ことを要請し、人生における聖なるものと俗なるものが矛盾的自己同一する場として実現されるべき事。

以上八策は極めて抽象的なれど、その根本精神をよく汲み取り、それによってそれぞれの策の具体化に努めれば、必ずや村の再生は叶うべし。伏して願わくば公明正大の道理に基づき、一大英断を以て腐敗せる世界を更始一新せん。

ところが、なんとその翌日、弟に電話で、理事のタカシ兄から、質問状と回答用紙の送付は取りやめましたと、一方的な通告があったのである。どうやら、会の終了後、村内側近組と話し合った結果らしい。黙ってその通告を聞いた弟も弟だが、私の怒りはおさまらなかった。

2 出口なし

年が改まった。二〇二〇年。一月十一日の東京新聞朝刊一面の筆洗欄は、次のように始まっていたが、私からすると、まるで他人事で、かえって空しいだけだった。

《私財をなげうち、武者小路実篤が宮崎県に「新しき村」をつくったのは一九一八年のことだった。生活難が庶民を覆い、コメ騒動や労働争議が起きていた。人心にも世情にも不安があり、先行きが見通しづらい時代、実篤は「人間らしい生活…を出来るだけやりたい」と書いている▼農業を中心に支え合いながら暮らす理想郷の創設は、今でいう社会実験であっただろう。村は本体を埼玉県毛呂山町に移し、困難を乗り越えながら続いた。一昨年、百周年を迎えている▼現在「村民」は数世帯まで減っているが、村が歩んだ道は、格差が気になる社会に貴重な示唆を与えるという声もある》

鬱々と過ごす私を心配して、友人、知人がメールをくれた。

《これ（質問状）を読んだ人々が感じるのは、またもや世にあふれる内ゲバ、弾劾、告発の類かと、うんざりした気持だろう。そして疑問に思うのは、ここまで「村内および村内側近者」を弾劾非難するのであれば、彼らを追放するか、あきらめて彼らの思う通りやらせるしかないと思うだろう。もはや、両者のあいだに妥協、和解はありえないと受け取らざるをえない文章なのだから。しかし、彼らを追放することがそもそもありうるのか。ありえない。とすれば、この文章は「我々はここまで耐えて努力したが、村の側の反応はこうだった。したがって、我々はこの村、このプロジェクトから手を引かざるを得ない。これまでのご尽力に御礼とお詫びを申し上げる」という趣旨の挨拶状として書き替えるべきだ——というのが私の感想。》

《もはや出口なしとしか思えません。なまじ理事会というシステムが悪く利用されているようですし、そもそも最後の村内居住者に村をどうしたいか以前に自分はどう生きたいか考える力がないように思います。村は理念が実現する場ではなく、社会からドロップアウトした精神が流れついた孤島といつしか化していたわけで、本人たちがそうである以上、亡びるしかないのではないでしょうか。百年続いたという記録とともに幕を下ろす時が来た、そう思うしかないのでは……》

友人の意見はもっともで、私もうなずくしかなかった。しかし、それでもなお私はあきらめなかった。もはやこれまでと投げ出すのは簡単だが、村民はそれ見たことか、だからああいう連中は信用がならないと嘲笑うだろう。それはどうでもいいが、いまはつまらぬ内紛をしている場合ではないのである。

村民も、ゆきがかり上、そうは言い出せなくなっただけで、本当は、私たちと手を組んで、村を元気にしたいと思っているのではないか。高齢といっても、都会暮らしの老人とは違う。足腰が弱ったぐらい、何でもあるまい。農作業や環境整備の仕事など、いくらでもやることはあるし、自然を相手にしていれば、くよくよ思い悩む必要もない。みずから望んで入村した村で、人生をまっとうし、そこで往生するのに何の不足があろうか。

そう考えたのは前年の暮れ、アフガニスタンの砂漠で医療と灌漑事業に献身し、六十五万人もの命を救った中村哲氏が武装勢力の銃弾に斃れたことが、頭から離れなかったからだ。私は有志が催す追悼集会に参列したが、中村氏の壮大な志と実践にくらべ、こんな小っぽけなことを前に進めることができずに、くよくよしている自分が情けなかった。

コロナ禍で延期され続けていたある小集会で、頼まれて「新しき村百年目の彷徨」と題してトークをしたのは、八月の末だった。もとは「瀕死の新しき村」という演題で私が提出していたのを、主宰者がそれではあんまりだと、訂正してくれていた。村はなぜわれわれを理解してくれないのか、どうすれば意思疎通がはかれるのかを中心に話してみたが、自分たちのことしか考えていない村民と、われわれとのあいだの溝はあまりに深く、良い知恵は浮かばなかった。聴衆も同様だったろう。

3　対立から対決へ

しかるに、この頃、水面下で新たな動きがあった。暮れに質問状が葬られた一件で、ほとほと嫌気がさして、ある村の関係者に、もう降りると思わず口にしたところ、自分が村とのあいだに入って村内側との話し合いが実現するよう努力すると言ってくれていたのが、進みだした具合なのだ。

「日々新しき村の会」の中心メンバーも、私以外はくじけていなかった。カワグチ兄の検証作業は、その後も続いていたし、ヒビヤ兄も自分のブログで〈思耕〉を重ねていた。このかん、カワグチ兄がメールを送ってくれたなかで示唆的だったのは、「新しき村の現在に思うこと」という一文であった。

《私見を言わせていただければ、武者先生が新しき村に村内会員と村外会員の二種の会員を置き、第二の会員（村外会員）の役割に大きく期待したのは、村外会員に精神的・経済的・人的なサポートに加えて、村内会員が見失いがちな客観的な視点でのサポートだったのではないのかと推測しています。さらに穿って言ってしまえば、全国から入会する村外会員個々の持っているであろうブレーンとしてのスキルにあったのではないかと考えています。各分野の専門性に裏付けられた専門家としてのアドバイスです。

当初、武者先生は自らの理念を体現すべく入村したものの、村での生活により知的生産性が低下することとなり、村への経済的なサポートに切り替えざるを得なかったのだと思います。なぜなら、武者先生の新しき村は農業を生活基盤として、村民が決められた労働をこなすことによって、ある意味自由に精神生活を行い自己実現を目指す拠点であると認識しているからです。

本来新しき村は経済性よりも精神性に重きを置いている団体であると理解していますが、長期継続を前提とすれば、一方で法人としての組織構成を盤石に保てるような仕組みを作り上げ、継続していく必要があったのだろうと考えています。

すなわち、武者先生存命中はもちろん、亡き後も組織を継続できるリーダーの育成と、経済的自立のための収益事業の創設、財団として必要とする各分野のブレーンの確保などです。

とくに旧公益財団法人から移行時の特例民法法人を経て、現在の一般財団法人となるに当たっては、法人としての財団組織は、あるべき新しき村を想像・継続するためのノウハウを持っているであろう村外の専門家（ブレーン＝学者・経営者・法律家・会計士・プランナー等々）を役員とすることによって、止むを得ず財団経営に携わってきた村民の負担を軽減するとともに、本来の新しき村としての村創り、情報の受発信を全国・世界に対して行えるような体制を構築すべきであったと考えています。

私は経験値から、ある意味いくつかの分野においては専門家としてのスキルを持っていると自負していますが、専門家であるがゆえに必要な周辺分野のスキルに対しては、その分野の専門家に相談・依頼・発注をするようにしております。

自分にスキルがないことを嘆くべきではありません。必要なスキルは専門家に求めればいいのです。ただし、自らのスキルの不足についてはしっかり理解・把握しておくべきです。

現在の村が陥っている閉鎖的な状況を脱却するためには、第一に自分達以外の他人を信頼することだろうと考えています。

法律は都合よく誤魔化すためにあるのではなく、誤魔化さずに正しく真実と向き合うために必要なルールだと考えなおすべきです。

仲間であるはずの村外会員たちを拒絶し続けて生じる結果に対して、今後誰がどのような責任をとれるというのでしょうか。

世界に対して自己疎外を続けていこうとすれば、残念ながらすべてが滅びへと向かうことになるのではないかと忠告させていただきます。》

私たちが、なぜこうまで村内側と揉めなければならないかといえば、何度も繰り返すけれど、村を存続するのに不可欠な土地や財産は、村内居住者の私物ではなく、村内村外の会員すべての共有物だからで、ここで譲ってしまえば、村は消滅してしまうからだ。この現実と向き合わずに、それでもいい、そうした方がいいという人たちとは、不本意だけれど、対決するしかない。

こうしたなか、村内側と、われわれの側からはウエノ兄と弟の二人のみが参加した準備会で、「新しき村を考える会」（こちらが提案した「新しき村の将来を考える会」が、こう訂正されていた）を、六月二十一日に開催することが決まった。

私が、今度は「毛呂山の無血開城」を目指すと言ったのに対して、ヒビヤ兄がドラマ「毛呂山の無血開城」の配役を送ってきた。ヒビヤ兄は真面目一方というのでもなくて、放映中のいくつものテレビドラマに通暁していたり、冗談を言ったりで、ときどきこういうひょうきんなことをする。

＊

西郷隆盛　前田速夫
大久保利通　カワグチ兄
西郷従道　弟
伊藤博文　ウエノ兄
勝海舟　ホリグチ兄
岩倉具視　アサカワ兄
徳川慶喜　キラ理事長
松平容保　タカシ理事

榎本武揚　タミジ兄
井伊直弼　マサシ兄
坂本龍馬　ヒビヤ（すでに暗殺。出る幕なし）

＊

その「新しき村を考える会」は、コロナ禍で何度も延期され、今度はたぶん開かれる可能性が高い十一月八日が近づくと、私たちは新宿西口の甘味喫茶店（壁面に実篤の色紙が飾ってある）に集まって、会に臨む態度を何度も協議した。問題は新しき村が村民に私物化されている現状に、どう風穴を空けるかであった。

主戦派（カワグチ兄、ヒビヤ兄、私）と和戦派（ウエノ兄、弟）とで意見が分かれて、紛糾する場面もあった。それは、私が仮に村内側が存続を望むと表明しても、それだけでは駄目で、そのために自分たちは何をどうしようというのか、われわれの提案をどう受けとめ、どう協力できるのか、定款の改正や役員の改選をいつ実施するのか、キチジ兄の案件に対してどう反省するのか等々、はじめに明言してもらわなければならないと主張したことに対して、弟が猛反対したからだ。

弟の心配は、これまでの様子から村内側がそうしたもろもろの要求に対して回答を用意できているとは思えないし、その後協議している気配もない。そんなことをしても、前回の質問状と同じことになるし、せっかく苦労して設定にこぎつけた「考える会」が、キャンセルされることにもなりかねない、第一、兄貴が「決戦」とか「決着をつける」という態度で臨むのであれば、そうなる可能性が大なので、自分は欠席するというのであった。

これには、カワグチ兄も、ヒビヤ兄も異議を唱えた。カワグチ兄は自分が半年以上かけて検証したことに対して、村は「認めない」としか答えておらず承服できない。われわれは、従来通り、物言う村外会員であることを堂々と貫くべきである。それに村を根本から立て直そうとしているわれわれを無視して、村民が自分たちの延命だけのために、目の前の個別案件の協力のみを要請しても受ける気はないと言い、ヒビヤ兄は、もっと激しく、弟へのメールで左のように反論した。

《弟さんのお考えを改めて確認し、僭越ながら、問題の本質が見えていないと思いました。言い換えれば、村内シンパの人たちと同じ目線でしか問題を見ていません。実際、《新しき村》十月号における「日々新しき村の会の方達との話し合いでは正直埒が明かない感じがした」というMさんの目線、あるいは「コミュニケーションの強制は相手を苦しめるだけである」というNさんの目線は、弟さんの目線と殆ど同じです。弟さんとしては、こうした同じ目線で話し合うことでしか村の再生はあり得ないということでしょうが、私の見解は全く違います。むしろ、そのような目線での村の存続を私は望みません。更に言えば、その目線の粉砕なくして「新しき村の実現」はないと考えています。おそらく弟さんは、こうした私の見解に「上から目線の無茶苦茶な脅迫と恫喝」しか見出さないでしょう。もはや見解の相違としか言えないのかもしれませんが、それでもその相違を乗り越えて何とかして「共通の地平」にまで辿り着きたいと私は性懲りもなく願っています。「共通の地平」と「同じ目線」は質的に全く異なります。真向うから対立する、と言ってもいいでしょう。それはすでに「善きサマリア人への疑念」という拙文でも述べていますが、そこで保留していた問題（他者、隣人）を含めて、改めて「善人との闘い――「愚者」とどう向き合うか」というテーマで徹底的に論じたいと思っています。しかし、それには少し時間を要しますので、ここではその大枠だけを記すに止めます。

鄙見によれば、新しき村創立百年を機に「日々新しき村の会」が結成され、その最初の正念場が昨年十二月の評議員会でした。しかし、村内及びそのシンパの人たちの無理解に阻まれ、結局十五年前の「新生会」と同じ轍を踏んで停滞を余儀なくされています。それ故、その閉塞状況の打開策として当面「新しき村を考える会」に期待が寄せられているわけですが、その基本方針に関して弟さんやウエノ兄の見解に私は同意できません。弟さんは私の見解を「倒産企業に対する銀行のような高飛車な上から目線の発言」だと言われますが、企業自体の「今後のヴィジョン」の表明なくして銀行の再建計画も意味を成さないでしょう。(村内と我々の関係を倒産企業と銀行の関係に準えるのには同意できませんが)。弟さんはよく「他者に対する想像力不足」という批判をされますが、私は村内の人たちを無視するつもりなど全くありません。この点については、「善人との闘い」でじっくりと論じたいと思っています。》

そして、いよいよ決戦の口が近づくと、最後は私に一任させてもらって、めいめいが用意した資料に若干手を入れさせてもらった。

ところが、四日前の午後、当日配布するための資料の最後である「公益財団法人「新しき村」の基本構想」を仕上げるのに根を詰めていたカワグチ兄が、心臓発作で倒れた。夜、夫人からの電話で知ったのだが、夫人は勤めに出ていて留守だったことから、自分で救急車を呼んで、近くの病院に入院したとのこと。心臓の大動脈解離で、現在集中治療室にいて、絶対安静という。

十日ほど前、ウエノ兄が大腸から出血して数日入院したばかりで、みなストレスを溜め込んだ結果なのだ。幸い命はとりとめたものの、当日はウエノ兄が検証の一部を代読することになった。

4　「新しき村を考える会」開催

二〇二〇年十一月八日は村内から六名、村外から十四名が出席した。村ではそんなに集まるとは思っていなかったようで、急遽食堂のテーブルと椅子を増やして、皆が坐れるようにした。

議長、副議長は、建前上は中間派のホリグチ兄、アサカワ兄で、書記は弟と決まった。はじめは、理事のタカシ兄による村の財政報告。具体的な数字をあげて、村はあと四年半（その後、三年と変わった）で預金が尽きることが、はじめて皆の前で明らかにされた。

そのあと、それを踏まえ、村内・村外の出席者全員が、一人一人、議長の指名で席順に自分の意見を述べた。

たまたま最初の順番だった村内の会員のタミジ兄は、今度改めて前著を読み直して、前田さんの考えがよくわかった。全面賛成だと発言した。そして、かつて自分が人類共生を示す村旗の作成にあたったことを言い、目先のことだけでなく、これからは村の存在意義を世界に発信してゆきたいと述べたのは嬉しかった。

以下、なかには村を閉じることになっても仕方がないと悲観的なことを述べる人もいるにはいたが、大半が村の存続を望んでいると述べた。

私たちの仲間からは、最初にヒビヤ兄が配布した「私の基本的立場」を見てもらいながら、その要約を発表した。

《……何れにせよ、私が望んでいることは今の村の根源的な構造改革です。「新しき村」は単なる農業生産共同体ではない筈です。「新しき村」は先ず第一に、理想社会を実現するための運動態でなければなりません。こうしたことは十五年前、すでに「新生会」として主張したことです。ただ、当時の私は理念の主張ばかりが先走り、地に足のつかない面があったことは事実です。理念の正しさには自信があっても、それを実現する方策に関しては具体性を欠いていました。加えて、「新生会」が挫折した大きな理由は、村内・村外が一致協力して取り組む「オール新しき村」の体制がとれなかったことだと反省しています。しかし今回は違います。強烈な実行力のある前田さんや実務経験豊富なプランナーであるカワグチ兄など、「新しき村創立百年」を機に様々な能力を持った人たちが結集しつつあります。そのためにも「オール新しき村」の原点とすべき根本理念を再確認することが不可欠です。その上で「新しき村の理念」に基づく運動を実際に推進できる組織（構造）に構築し直さなければなりません。その点についてはより具体的に、現行の定款の再検討も含めて、カワグチ兄の方から詳細な説明があると思います。そして、「新しき村」が今後展開すべき運動の内容については、前田さんが「新提言」として明らかにして下さるでしょう。

最後に、我々の目指している村の再建が目先の経営改善だけではないことを改めて強調しておきたいと思います。理念なき経営改善策は再び太陽光発電導入の如き間違いを繰り返すことになりかねません。その間違いを避けるためにも、喫緊の課題は「新しき村の理念」の再確認、そしてそれに基づく村の根源的な構造改革です。疑問点、反対意見があれば、徹底的に話し合いましょう。その結果、私に非があると証明されれば、私は潔く持論を撤回し、是とされる「この道」を皆さんと共に歩むことをお約束します。どうかよろしくお願いします。》

次が私の番で、予告してあった全十七項目からなる「新提言・私が考える二十一世紀の新「新しき村」像」（省略）を配ったのち、それを簡略にまとめた文章を、質問状のときと同じく、ゆっくり読み上げた。

1　コロナ禍。社会不安。格差と分断。老人の切り捨て。孤独死。戦争の脅威。「新しき村」は百年前、スペイン風邪が上陸して三十五万人もの死者が出て、全国で米騒動がおきたときに、創立されました。時代は一巡しました。多事多難。今こそ「新しき村」の出番です。底力を発揮すべき時です。このまま手をこまねいていては、村は数年で消滅します。財政を立て直し、村の運営を根本から改めて、なんとしても「新しき村」を存続させたいのです。大きく育てたいのです。

2　そのためには、「新しき村」創立の原点に還って、「オール新しき村」で取り組む必要があります。何のための「新しき村」で、われわれは何をしようとして、この村に結集したかを、めいめいが胸に手をあてて考え直す必要があります。

3　その前提として、何度も言いますが、村内村外が現在の危機的な状態に関して共通の理解と認識を持ち、コミュニケーションを良好にして、お互い同士の信頼感とリスペクトが醸成されることが不可欠です。疑念や解決すべき課題があれば、率直に話し合いましょう。知恵を出し合いましょう。

4　村の外では、いま国内・国外ともに、嵐が吹き荒れています。村の外で悪戦苦闘する私たちから見ると、村内の皆さんは、暮らしは質素かもしれませんが、むしろ保護され、恵まれた自然環境・生活環境で、仕合せな老後を送っているようにさえ見えます。

5　もう取り返しがつかないとはいえ、一般財団法人化に伴って太陽光発電の導入を急いだことは、結果的に、村に大きな損害を与えました。客観的な検証の結果は素直に受け入れ、謙虚に反省すべきと思います。理事会・評議員会のあり方やメンバーの補充、定款の見直し、村内、村外の会員の役割の再考も必要です。

6　私たちが「新しき村」再生のためにプロジェクトを立ち上げたのは、現村内会員の生活不安を解消し、村内の改善を進めるその先で、本来の姿である公益財団法人化を達成して、今日の日本や世界の再生につながる、二十一世紀の新たなコミュニティを実現させるためです。部分的な改善だけでは、この遠大な目的は達成できません。

7　また、そうでなければ、こうなってしまったのは、「自業自得でしょ」と言われてお終い。外部にアピールして、再建のための大規模な協力を求めることは出来ません。資金や人材が集まらなければ、前へは進めません。私たちには、村内・村外の会員や村の関係者のみならず、さまざまな専門家の知恵と、目的達成のための資金と、若くて有能な人材が不可欠です。

8　のちほど別途ご説明する私の「新提案」は出来ることから、早急に着手しなくてはなりませんが、解決すべき課題が山積しています。したがって、皆さん全員が発言されたあと、課題解決とプラン推進のための実行委員会を新たに立ち上げて、協議を重ねていくことを提案しますので、どうかよろしくお願い致します。

9　十分とはいえませんが、私たち「日々新しき村の会」では、さまざまな用意ができています。しかし、皆さんあっての村です。皆さんと共に「オール新しき村」で努力することなしには、村は沈んでいくだけです。私たちはみな高齢です。次世代の人にバトンタッチし、再建を軌道に乗せるまでは、なんとしても頑張りましょう。それが、私たちの責任であり、使命です。

カワグチ兄のは、「検証結果の要約」をウエノ兄が代読した。

――カワグチ兄が倒れて緊急入院したため、私、ウエノが代読します。配布した資料をごらんになりながら、お聞きください。

●一般財団法人移行にともない、急ぎ太陽光発電を導入したことの誤りについて

一般財団法人に移行すると、「それ以前に蓄積した財産（公益目的財産）は全額凍結され、公益支出計画に基づく支出以外には使用できなくなるため、凍結される前（移行申請前）に収益事業立ち上げのために投資する必要があり、収益事業は単年度黒字でなければ移行財団として認可されない」という公認税理士（当時）の指導は、条文の間違った解釈によるもので、誤りです。これは、その間違いに気づいた私たちが、専門の第三者機関に意見を求めた結果受け取った「意見書」で裏付けが取れました。

そこで、この間違った指導のもとに、太陽光発電の導入を主導したキチジ兄に、このことを意見書を添えて伝え、キチジ兄の経営する会社を訪ねて、詳しく説明しました。けれども、氏は聞き入れず、評議員会・会員大会でも無理な反論をするのみでした。そこで、私は挙手して、出席者全員の前で、この件を改めて個人的に検証し、次回に報告するということで承認を得ました。以後、半年かけてキチジ兄が「新しき村」に連載した「公益法人改革に関することで」その他を、徹底的に精査した結果は、Ａ４版で数百ページに及ぶ検証結果資料（三分冊）にまとめ、キチジ兄と、理事のタカシ兄に提出し、また再度出向いて説明しました。

ところが、私どものこうした努力に対して、いまだに明確な返答がありません。間違った指導を受け

て、急ぎ太陽光発電を導入したのは、結果的に、一億六〇〇〇万円もの投資資金すら回収できずに、今日の財政逼迫の最大要因となりました。これで利益を得たのは、請け負った業者のみ。さまざまな有識者、専門家の知恵を借りて、長期での適正な支出計画を練っておけば、このようなことにならなかったはずで、大いに反省すべきです。

キチジ兄は上記の検証結果を認めず、この「村を考える会」の出欠ハガキに、今後村は二十年やっていけると書いていますが、これは大きな間違いです。しかも、それは村の現有財産を勝手に処分することが条件になっていますから、これは会員の意思を無視し、会員の意思に反して、村を消滅させることを意味しています。

●二種会員＝村外会員について

そもそもキチジ兄は利害関係を有する業者の側なので、評議員にはなれません。こうした事態を招いたのは、理事会・評議員会にも責任があります。村外会員は、村内会員の足りないところを支え、知恵や能力を貸すためにあります。そのためには、「物言う村外会員」でなくてはなりません。ただ寄り添っているだけでは、問題解決にほど遠く、まして非難や敵視は論外です。

●定款の検証

驚くべきことに、現在、定款に記されていることが、目的、事業を含め、ほとんどが有名無実で、それ以上に問題なのは、評議員や理事会の役員の選任やメンバー構成に関して、違法なことが記されていることです。役員には、法人とは密接な関係のない中立的な人間を加えることが義務づけられています。村を立て直すには、役員の見直しから始めて、定款の抜本的改正が求められます。無為無策なまま、現在の危機的な状況を招き、村内・村外の意思疎通が不十分なまま、今日の対立を招いた根本の理由がここにあります。

●結論

私は村では新参者ですが、この三年間、プランナーとして、企業経営者として、過去の経験を踏まえて、さまざま助言をしてきました。昨年秋の銀座ヤマハ・ホールでの新しき村創立一〇一周年記念コンサートでは、そのすべてを滞りなく実施するのに、全力を傾けて取り組みました。

村はいま、理念、経営、運営、教育、学習、労働、収入、生活、すべての面で、至急改善の必要があります。それには、生活・労働と経営とを明確に区別することが不可欠です。「一般財団法人新しき村」は、そのために存在します。それはたんなる書類上の組織ではありません。理事会・評議員会は、村の存続に全責任があります。村の実情と合わない、などと言っている場合ではないのです。正式に財団組織になった以上は、法律に則って運営されるべきことは、きわめて当然です。

自分たちに十分な知識や能力がないというなら、自分で学習し、専門家の知恵も借りて、どうすればいいか、真剣に考えるべきです。今後は、ただ単に個別の案件の解決に終始することなく、村内・村外が互いに知恵を出し合い、専門家の知恵も借りながら、村内インフラを整備・拡充することはもちろん、応援してくださる各種団体、機関、法人、個人の方々を総動員して、夢と理想と達成感のある新しき村の構想・計画を立ち上げ、公益財団法人新しき村の再構築へ向けて、全国・全世界のサポーターを結集していくべきと考えます。くわしくは、インデックスにある資料①〜⑨と、キチジ兄案件に関する全検証資料（三分冊）をご精読ください。　以上

カワグチ兄の「検証結果」は、資料がどっさりついていて、どれも重要なものばかりだった。インデッ

クスは、左の通り。

●キチジ兄案件

①「新しき村」村内・村外会員の皆様へ

②「新しき村」の移行処理問題の経緯の検証

③「新しき村」の移行処理問題の確認会議の結果報告

④キチジ兄の出欠ハガキを検証する。

●二種会員＝村外会員について

⑤「新しき村」の二種会員について

⑥「日々新しき村の会」の会員は、「物言う村外会員」である。

●定款の検証

⑦「新しき村」の定款を検証する。

⑧「新しき村」の理想と現実の狭間を検証する。

⑨公益財団法人「新しき村」の基本構想（未完）

けれども、私たちばかりで時間を費やすわけにもゆかず、私は「新提案」で、コミュニティ・センターでの仕事について具体的に述べ、その新設と、即戦力の募集を急ぐなど、今後のロードマップを示して、あとは資料をしっかり読み込んでくださいといって、終えた。これでも、弟や、仲間では唯一評議員であるウエノ兄の意見を容れて、当初、三人が突きつけようとしていたものよりは、村内側が受け入れやすいよう、非難や責任追及は一切避けて、よほど表現を柔らかく直したのである。

　そして、話し合いという以上は、これらを言いっぱなしにするのではなくて、それを出席者がどう受けとめたかを今度こそ聞きたかったのだが、それは次回、よりステップアップした会で、となってまたもや持ち越されてしまった。

5　予期せぬ展開

　その後は、新型コロナ禍がいっこうにおさまらないこともあって、村からは何の連絡もなかった。じりじりしながら待つうち、村内側と私たちのあいだに入って仲介役を申し出てくれ、「考える会」の議長、副議長を務めてくれた村外会員のホリグチ兄、アサカワ兄から、弟経由で個別に以下の連絡が入った。「考える会」での村の財政報告に関わったアサカワ兄の提案で、それを専門の第三者に間違いがないかどうか、資料を渡して検証してもらうことになった。その結果が出るまで、次の会は待ってほしいとのことである。

　また、機関誌《新しき村》に、ホリグチ兄文責で、次回からはホームページの改善などの分科会を立ち上げることになったとの「考える会」の報告が載った。私がそんな目先のことより、将来の村をどういう姿にするのか、その方向性と具体的なプランを論じなくては意味がないとホリグチ兄に抗議すると、前田さんはすぐそれだから話合いにならない。言っておくけれど、はっきり言って村は前田さんに嫌悪感しか持っていない。まずキラ兄、タカシ兄の奥さん、タキ兄の奥さんに気に入ってもらうよう努力してください、そうでないと私はもう仲介役から降ります、と言われてしまった（私は、三人の奥さんに嫌われた憶えはない。いつだって、にこやかに挨拶してくれる！）。仲介すると言いながら、村内側にべったりなのは、これを以てしても明らかであった。

アサカワ兄にしてもそうで、じつはこのアサカワ兄、以前私たちの仲間であるヒビノ兄が村内で「新生会」を立ち上げたときの仲間の一人で、当時とは状況が違うのでお役にたてそうな気がする、村とのあいだに入るには表向き中立を装わないと自分の話を聞いてくれないから、そういう態度で臨むけれど、それは理解してほしいと接近してきたのを、私はそれで結構だ、と受け入れたのであった。

本職のコンサルタントで、某私大の講師をしており、著書もある。いままでいくつも経営の傾いた会社を立て直した実績があるということから、キチジ兄に去られた今、以前のことがあるにもかかわらず、村はしきりに頼りにしているようである。

ところが、疑わしいことが、いろいろ出てきた。第一は、ヒビヤ兄の昔の仲間なのに、あまりよく言わない。村の定款や太陽光発電の導入には不正があるとの指摘に同意しながら、村内からの相談事をすべて引き受けて信頼されている。村に接近するのに、私たちの悪口を言っているようでもある。典型的なコウモリで、漁夫の利（そんなものがあるとすればだが）を占めようとでもいうのだろうか、これは警戒しないといけないと、ピンときた。

そのうち、三月の定例評議員会、村民大会の案内が来た。おきまりのどこまで本当かしれない決算報告や事業報告はどうでもいいとして、「村の経済状況についての公認会計士のレポートについて」と「不要土地売却要請について」という議題が、問題だった。

前者から説明すると、このレポートは、アサカワ兄がW会長に依頼して、実篤記念館の顧問会計士を紹介してもらい、村の費用で作成してもらったものとのこと。私たちが指摘した通りに、一般財団法人への移行にあたって公益目的財産を収益事業に用いることは何ら法的に問題はなく、太陽光発電が投資資金すら回収できていない状態こそ問題であると明言されているものの、移行や導入にあたって、手続き上の過失はない、財政はあと数年でショートするが、残余財産を会員で分配することは可能であるとしているあたりの記述は明らかに村内寄りで、あいまいな点が多かった。

加えて、それに添えられた顧問会計士による「財政収支に関する主要な問題点」は、二〇二六年には村の経営も、村内会員の生活も成り立たなくなるとして、「不動産を順次売却して、その分を赤字補塡に使う」「一千万円規模の収益事業を立ち上げる」「村友会の預貯金が残っているうちに法人を解散し、村友会の預貯金を適宜分配して、村内会員がそれぞれの道を歩む」などと、残余金があるうちに村を潰し、それを村民だけで分配することを勧めているのに唖然とした。

後者は、八高線の線路沿いの四十坪ほどの土地を買いたいという業者が現れたので売却するという一件。すでに理事会では承認ずみとのことである。つまり、村は私たち村外会員の意向を一切無視して、自分たちにだけ都合のいいことを、理事会・評議員会のメンバーが一人を除いてすべて村内側であるのをいいことに、私たちに反対される前に、次々強行しているのであった。

私が評議員会・会員大会に出席すれば、紛糾することが避けられない。そこで私は、村の存続が問題になっている折から、いかにごくわずかな土地といえども、当日は出席者がその場で十分協議したうえで、結論を出すべきことを伝えてもらった。しかし、思った通りで、村は私たちを無視して議論抜きで、不要地売却を評議員の賛成多数で早々決定してしまった。

第二回の「考える会」の開催は、五月二十三日と決まった。村のキラ兄、タカシ兄、仲介役のホリグチ兄、アサカワ兄、そして私たちの側からはウエノ兄と弟が出席してその準備会が開かれるというので、今度は私も参加した。村の中心人物であるキラ兄、タカシ兄と膝を交えて話すのは、これが最後になるかもしれないと思ったからである。

その四月四日当日は、恒例の花の会と重なった。実篤夫妻をはじめ、代々の村内村外会員の遺骨を納める大愛堂の前に集まり、めいめい線香をあげ、合掌した。私と弟は、父の好物だった最中（もなか）を供え、遺骨の入った骨壺に向かって深く一礼した。村の中心に位置する八角井戸に覆いかぶさるようにして咲いているしだれ桜は、手入れを断られ、勢いがなかった。

美術館の応接室で準備会が始まった。私は冒頭、第一回の「考える会」で、「村内村外の会員が一同に会し、その大半が村を存続したいと希望を述べたのはよかった。皆さんが会を開くことに努力してくれたおかげです」と、礼を言い、「ただ、時間がなくていい放しで終わってしまったので、次の会では、ではどういうふうに存続させるか、その具体的な取り組みについて話し合うことになるので、建設的な協議ができるための準備にきました」と切り出した。

ところが、タカシ兄もキラ兄も険悪な雰囲気で、いきなりタカシ兄が、「村はもうどうにもならない。自分たち夫婦は村を出る」と宣言し、キラ兄もそのつもりだと続け、私に向かって、「前田さんの言うことははじめから聞く気になれなかった、自分では何もやらないで、エラそうに出来っこないことばかり言う。協力する気はまったくない」と、嘯（うそぶ）いた。

私が「今日は準備のための会です、お互い非難しあうのはやめて前向きの話をしましょう」と言うと、前もって呼ばれていたのか、隅にいたアキコ姉が、「私が願っているのは、村内の人に村で全うしてもらうことだけ、自分には何もできないし、存続のことなんか、考えたくもありません」と言い、村では一番若いコウスケ兄も、「存続はしてもらいたいが、どうしていいかわからない」と小声でつぶやくのみだった。

そこで、やおら私が持論を述べはじめると、すぐにアサカワ兄が遮り、「前田さんはいつも自分が正しいと思うことを言うだけで、人の話を聞こうとしない。もうやってられないので、今日かぎりで、村のことには一切かかわりたくない。考える会には出ない」と、割って入った。はじめからその気で、こちらのせいにして、降りる機会をねらっていたようなタイミングだった。

加えて、現在の村内・村外の力では何もできないし、「日々新しき村の会」のプランも実現性に乏しい。はっきり言って、村はもう解散するか、別の組織に譲るしかないと思っていると断定する。しかも、今日の会があることを知って遅れてやって来た仙川のオオノ兄が、パンフレットを配って、ある国際的な教育福祉団体が提携を希望している、こういう選択肢もあるのではと発言したのに対して、見もせずに、「そんなわけのわからない新興宗教なんか」と、失礼なことを言った。

さらに決定的だったのは、弟がキラ兄に向かって、「キラさんは以前、自分が入村したときは牛小屋の二階が寝床だったけど、それでも嬉しくてならなかったとおっしゃっていましたよね、いまの若い人たちにもそういう気持で来てもらえる村にしましょうよ」と言ったのを受けて、私が、「それは新しき村の理想に共鳴したからでしょう、今大切なのはそれです」と添えると、あろうことか、「理想に共鳴して入村？　村にそんな人間はいない。生活の場を求めただけだよ。実篤のことだって、入村してから、ちょこっと読んだだけだ」と、馬鹿にした。

これで私の気持は決まった。考える会は予定通り開いてもらうが、こうして村を維持発展させるのが責務の毛呂山の中心人物二人がそろって離村を表明し、村の理想をコケにした以上は、残念だがもはや訣別するよりほかになかった。カワグチ兄、ヒビヤ兄や私が、村内側との対決姿勢をいよいよ強めていくのを危惧していたウエノ兄も、弟も、事ここに至って、村内側との融和は不可能と悟ったようだった。

6 公益財団法人化への道筋

二〇二一年五月二十三日、第二回「新しき村を考える会」は、予想外の展開となった。というのも、弟を除いた私たち四人が、村を維持発展させるのが任務であるキラ兄、タカシ兄が村を出ると表明したことは、責任放棄を意味するので理事解任は必至、この際、二十一世紀にふさわしい「新しき村」に生まれ変わるため、理事会・評議員会のメンバーを一新することを提案、もしもそれが拒否されるなら法的な措置も辞さないと徹底抗戦の覚悟であることを知ったP弁護士が、新しき村の公益財団法人化という、起死回生ともいうべき新提案をしたからだった。

村の衰亡を決定的にし、今日の財政逼迫を招いた最大の要因は、村の公益性が認められず、一般財団法人に組織替えしたことにある。P弁護士がこの土壇場にきて知恵を絞り、この方面の第一人者で、公益法人法改正の際の政府の諮問委員でもあったD教授に相談した結果は、新しき村の存在と目的そのものが、公益目的事業なので、公益認定は可能だし、村で生活し、その資産を維持管理する村民の生活は保障されるとの回答が得られた。認定が得られ、新規の事業が軌道に乗るまでは、P弁護士が年間一千万円の寄付も行うとのこと。

そうであるなら、これは願ってもない朗報である。P弁護士から連絡を受けたウエノ兄と私は、さっそく氏の法律経済事務所におもむき、大阪在住のD先生とのビデオ会議に臨んだ。D先生は、大変な勉強家で、新しき村の成り立ちから現状、その公益性について、よく理解していて、人柄も誠実そうだった。翌日、参考までにと前著『「新しき村」の百年』を送ると、すぐに読んで、感銘しましたとのメールも届いた。

そこで、私はP弁護士、ウエノ兄に申し出た。これは村にとって、そして私たちにとっても最後の切札で、これを「日々新しき村の会」からの最終提案として村内側に受け入れてもらうには、村からは天敵視（？）されている私と、カワグチ兄、ヒビヤ兄は、その道筋がつくまでは身を引く。かわりにP弁護士、W会長、ウエノ兄の三人が出席して、村内側の説得にあたってほしいと。

私と同じく主戦派のカワグチ兄、ヒビヤ兄は、私の態度変更に不満だった。しかし、P弁護士、W会長に本気になってもらうためにも、いまはそれがいいと納得してもらった。

私たちがはずれた結果、P弁護士、W会長と、村内側の三者のあいだを一人でつなぐことになったウエノ兄は、きりきり舞いだった。念のため弟にも出席を打診したが、弟は準備会での村内側の態度に失望して以来、いままで私とのあいだで板挟みになっていた鬱屈が爆発して、金輪際、村とはかかわりを持ちたくないとのこと、重症の村アレルギーである。私は謝るほかなかった。

結局、当日はウエノ兄がD先生の意見書を出席者二十九名に配って、要点を読み上げ、その説明をした（P弁護士は欠席）。抜萃すると、左の通りである。

《公益法人制度が改革されたのは、人々の価値観が多様化したことから、政府でも企業でもない民間の非営利組織の多様な考え方を応援するために「公益の増進」を掲げてなされたものです。豊かな社会を築き、守っていくためには、自らが未来を切り拓いていく「自助」の精神と、国や地方自治体等による支援を必要とする方々への「公助」の仕組みの他に、もう一つ、多くの人が集まって、共に「社会のため」に力を発揮する「共助」の存在が欠かせません。その「共助」を実現するためには、民間の力、すなわち「公益法人」の力が必要になります。

旧公益法人から一般法人にいったん移行したとしても、公益認定申請を行うことは何度でも可能です。とりわけ、公益目的支出計画中の移行法人（新しき村もこれに含まれます）が公益認定を受ければ、公益目的支出計画を完了したものとみなす規定（整備法一三三条第一項）を設けています。

実篤は（理想のない）「現実だけの生活は、目的地のない旅のようなものだ。ただ歩くだけだ。毎日の生活、いくら幸福な生活でも、最後は死苦があり、滅亡があるだけだ」（『この道を歩く』）と述べ、理想の重要性を指摘しています。一般財団法人新しき村の定款は「この法人は、すべての人間が天命を全うし、各個人の内にすむ自我を完全に生長させることのできる理想社会『新しき村』を、各人の自発的な協力によって実現することを目的とする」とし、「すべての人間」のために「新しき村」が存在していることを述べています。「新しき村」の考え方は、多様化が進む中、個性的な生き方を提唱し、地球や他者に負荷をかけないユートピアを実験、提唱していくことにあると考えられています。

したがって、「新しき村」の存在及びその維持そのものが公益目的事業といえるでしょう。村民の方々はこうした公益目的事業の一部を構成する方々でもあります。「新しき村」の公益目的事業を直接担っている方々です。

公益認定を申請する場合には、関係者一同が公益性に自信をもっていただくことが肝心です。公益認定に当たっては、目的が最も大事であり、「公益目的」にそった事業を「公益目的事業」として公益認定法では定義しています。公益目的事業を明確にしておくこと、公益認定法第五条二号の経理的基礎をしっかりしておくこと、特別の利益供与と言われないために規程類を整備しておくことが主要な要件となります。小職としては理事・評議員の構成の整理を行うことによって、組織の持続性を高めることをお勧めいたします。

小職は、公益法人制度改革時に内閣公益認定等委員会委員として制度改革に直接関与し、また政府税制調査会の特別委員として税制改正に大きな影響を与えました。それはひとえに公益法人改革で多くの法人が多様な価値観に基づいた、自由闊達な公益活動を展開していただくことを願ってでした。

しかし、私どもの努力不足もあり、十分な意図が伝わらずに大変申し訳なく思っています。とりわけ、「新しき村」のような百年を超える歴史があり、幾多の苦難を乗り越えてきた法人が公益法人を申請しなかったことに関しましては制度改革の関係者の一人として非常に強い責任を感じないわけにはいきません。

新しき村の精神の理念の下百年以上継続してきた村の施設、そこで生活する村内会員、それを支援する村外会員というこの組織と運動を続ける村そのものは公益活動といえます。

実篤の偉大な理想を追い求めた村内会員、村外会員の方々にとっては、公益認定されないままでいるということは、それまでの人生を否定してしまうことに等しいことではないかとも拝察いたします。

新しき村の財産と組織は、わが国における歴史上に残る貴重な財産ですので、村内会員、村外会員の皆様が力を合わせて公益認定を申請されることをお勧めします。》

けれども、ウエノ兄の懸命な説明にもかかわらず、村内側の反応は鈍かった。会での討議を録音したCDを聞くと、理事たちは、提案は預かる、後日理事会で協議すると言うのみで、これは予想通りだったが、おおかたの出席者は、村は現在の身の丈にあったことだけすればいい、寄付を受ければひも付きになる、それは嫌だと相変わらずで、W会長もよく考えてみたいと言うのみだった。

Ⅷ　自立と共生をデザインする

1　農の福祉力と教育力

私は編集者時代、作家の井上ひさしを担当したことがあって、一九九一年と翌九二年の夏、井上の出身地である山形県川西町の遅筆堂文庫・生活者大学校で三泊四日の行程で開催された〈地球と農業講座——今、環境を考える〉〈続・農業講座——「農」を考える〉に参加しており〈講師陣は井上のほか、槌田敦〔資源物理学〕、山下惣一〔農業・作家〕、山口昌男〔文化人類学〕ら。ほかに対談・対論・映画・体験実習・見学・交流会と盛り沢山だった〉、文庫版『コメの話』（一九九二）の刊行にも携わった。

当時は、コメの輸入自由化が取り沙汰されている最中で、その危機感が文庫の帯に現われている。表は「ふるさと日本が消滅する。コメ自由化を許すな！　作家井上ひさし渾身の警鐘。文庫オリジナル版緊急刊行！」とあり、裏は「こだわる理由」として、著者がこう書いている。

《ラウンドにアメリカからなにか案が提出されるとその途端、それをあたかも「大旦那アメリカからのご命令」のように受け止めてしまう日本人。わたしたちは本当に自立しているのであろうか。それとも自分で考えることのできない奴隷なのだろうか。そう考えながら自分を鍛えるのにコメ問題は好適である。わたしがこれにこだわる理由はどうもこのへんにあるらしい。》

けれども、その後三十年、結局はアメリカの攻勢を受け入れざるを得ず、減反を強制されたことなども加わって、今や日本の農業が壊滅的な状況になってしまったのは、ご承知のとおりである。政府の奨励金目当てに農業を法人化して、ブランド米の生産や高級果実の栽培に特化して活路を見出した業者も一部にはいるようだが、これは危ない。もはや、農とは言えないだろう。

農の蔑視や、農の現場を知らない専門家や役人と闘い続けた、生活者大学校の講師（教頭）山下惣一氏（農民作家）は、近著『農の明日（あした）へ』の中で、左のように「遺言」している。（追記――二〇二二年七月死去。事実としても、「遺言」になってしまった。）

《「日本農業」には現場がない。だから人が見えない。山道も谷川もない。雨も降らず風も吹かず、イノシシもサルも出ない。……農業をやっていない人が専門家で、やっている人たちは専門家ではないという摩訶不思議な世界なのだ。ゆえに農業従事者は「日本農業」のことなど考える必要はない。（中略）農家に廃業を迫る「日本農業」とはいったい何者か。誰のため、なんのためなのか。行き着く先はどこだ。……「日本農業よりわが家の農業」である。

公務員や会社員が高齢化しないのはなぜか。定年があるからだ。その定年退職後に戻ってくる人が多いのが農業だから高齢化するのは当然のことだ。これは嘆くべきことではなく喜ぶべきことだと私は思うぞ。定年後の雇用と健康増進を託せるありがたい暮らしの場であり人生の終の住処なのだ。これを持っているということは経営規模の大小や専業・兼業に関係なく、ほかの業種にはあり得ない農家の強さなのだ。ゆめ、忘れるな。社会や子や孫たちへの貢献は、今を生きる私たち高齢者が元気でありつづけること。そして都合のつく人から先に旅立つことだ。》

そして、氏は日本の農業は必ずしも悲観的な面ばかりでなく他国にはない圧倒的な強みがあることを、「それは生産地と消費地の距離がきわめて近く、生産者と消費者が混住、混在しているということ。つまり、マーケットがすぐ近くにあり、自産自消・地産地消・旬産旬消をベースにした地域生産者と消費者が支え合うことが可能になる」と言って励ましている。

ちなみに、遅筆堂文庫は二〇一〇年に井上ひさしが没してからも健在で、いまも毎夏地元の若者が中心になって、生活者大学校その他の事業を継承している。「校是」は「農業を通して世の中、時代を考える」で、「堂則」は左のごとくだ。

《遅筆堂文庫は置賜盆地の中心にあり、置賜盆地はまた地球の中心に位す。我等はこの地球の中心より、人類の遺産であり先人の知恵の結晶でもある萬巻の書物を介して、宇宙の森羅万象を観察し、人情の機微を察知し、あげて個人の自由の確立と共同体の充実という二兎を追わんとす。個と全体との幸福なる共生を追求せんとする我等は彼の幼稚なる理想主義者のドン・キホーテと同じく嗤われるべきであるか。応、嗤わば嗤え、我等は日本のドン・キホーテたちである。町の有司、若人たちの盡力によりいまここに発足する当文庫は、有志の人びとの城砦、陣地、かくれ家、聖堂、そして憩いの館なり。我等は只今より書物の前に坐し、読書によって、過去を未来へ、よりよく繋げんと欲す。

一九八七年八月　敗戦記念日》

遅筆堂文庫の蔵書七万冊は、開設するにあたって井上ひさしが自宅の書庫から寄贈したもの（現在は二十万冊）。「個と全体との幸福なる共生を追求せんとする」とは、どこかで聞いた言葉ではないか。井上が武者小路実篤や新しき村のことをどこまで意識していたか不明だが、小説『吉里吉里人』で、フィクションの壮大なユートピア国を築いた著者ならではの構想で、同じ東北出身の宮澤賢治の果たせなかった夢を継ごうとする意欲も伝わってくる。これこそ、ローカルから普遍を目指す思想でなくて何であろう。

今日ではもはや見られなくなってしまったが、つい最近まで、山村では人が亡くなったとき、遺族は自分たちだけで葬儀をだすことができなかった。死者はこれから先、永遠に村を守ってくれるので、葬儀は共同体の手で出さねばならなかったからである。

村の暮らしは先祖とともに、言い換えると、死者とともにあった。自然と人間、死者と生者とによってつくられた風土を、その成員が諒解できるのは、このようなかたちでの社会にこそ永遠性があると信じられたからで、共同体はこのようにしてつくられた。

新しき村にも、村内村外の会員の遺骨を納める大愛堂があることは、前に述べた。けれども、今日の文明はこのような社会を徹底的に破壊してしまった。共同体を喪失した結果は、個として生きるほかはなく、死は個の終焉でしかなくなった。そのとき死後を見守る永遠の社会もまた、なくなったのである。いまや民俗学も、対象をなくして立ち往生している。

福祉と教育も、農村と都会とでは大違いである。ひところと比べると、都会では保育園や養護・介護施設、老人ホームなどが飛躍的に拡充されてきたことは事実としても、それが本人にとって満足のいくものであるかは別で、いったん収容されてしまうと、姨捨山以上というところはいくつもある。

新しき村には、都電を改良して幼稚園の一部にし、近隣の幼児を預かった実績がある。今後は、有料老人ホームや託児所、緊急避難施設の建設など、福祉方面での貢献がいっそう大切になるだろう。私の父も母も、老後は弟一家が世話をしてくれていたが、家族で看きれなくなって、施設で寂しく亡くなった。緑に恵まれた環境で、新しき村の親しい仲間と野菜や花を育てて暮らせたら、どんなに良かったろう。

疫病の蔓延で職を失った人や、学問を続けられなくなった若者、行き場を失くした外国人労働者の受け入れも急務だ。3・11東日本大震災と原発事故後のボランティアによる救援活動には目を見張ったが、メディアが流し続けた実態をともなわない言葉だけの「絆」リフレーンの空疎さには、胸が悪くなった。

新型コロナ禍で露呈した地方における医療・福祉・保健・介護の遅れは、急な改善を要する。本来、福祉とは健康や生き甲斐、働き甲斐、自信、誇りの保持など、広義の意味（welfareではなくてwell-being）を含んでいる。となれば、住民を福祉の対象として捉えるのではなくて、その主体としてとらえるパラダイム転換が求められよう。そうしたとき、農の創造性と生命力、多産性、癒しは、まさにwell-beingとしての力を発揮する。

新しき村がこの点、早くからこの意味における福祉を実践してきたことは、もっと評価されていい。医療や介護のための施設こそなかったが、スペイン風邪の被災者を受け入れたことがそうだし、盲目者やハンセン病者、在日朝鮮人、被差別部落の出身者を、何の分け隔てなく受け入れた。左は盲人の加藤勘助が村でつくった詩である。

秋風をききながら
一人で専心に草をむしる
この心の平和
仕事の純粋な喜び
私は幸福を感じ
地上に跪(ひざまづ)きたくなる
私はまた無心に手先を動かしながら
静かに思うともなく
物を思う
自分の意識の中のすべてがなつかしい
神も自然も人も
皆美しく本当だ
かかる瞬間に私の人生は明るくされ
私は生きている喜びを何かに感謝したい（「秋風をききながら」）

最近では長野県の佐久総合病院が、「わたしたちは「農民とともに」の精神で、医療および文化活動をつうじ、住民のいのちと環境を守り、生きがいある暮らしが実現できるような地域づくりと、国際保健医療への貢献を目ざします」と提唱して、実際にも演劇部による上演のほか、コーラス部、ＧＤＫ吹奏楽団、野球部、文化部、学習活動など多彩なサークルが組織され、地域活動部は地域の環境問題、健康、文化などに目を向け、地域とつながって、地域づくりに参加することを目標に掲げて注目されているが、これは出版や美術・演劇など、地域の民衆とむすびついた文化活動に熱心だった新しき村が、とっくに実践している。

教育の現場も、現在、問題が山積している。経済の停滞と労働環境の悪化で、父親も母親も余裕がない。ともすると、子どもと接触する時間が少なくなる。小学校にあがってからは、いじめにあって不登校や引きこもりが大量に発生する。高学年から先は、塾や予備校通い。教科書の内容も教師の教え方も、型通りで魅力がない。

イヴァン・イリイチの指摘は、さらに苛烈である。今日の産業社会は人々の自立共生（コンヴィヴィアリティ）のための道具を奪い、抵抗をなくすために、運輸、教育、医療、行政の分野で、選別的な操作を行っているとして、次のように批判する。

《自動車は高速道路を要求する機械であり、高速道路は実際は選別的な装置であるのに、公益事業のような装いをまとっている。義務制の学校は、巨大な官僚制的制度である。教師がどんなに自立共生的に自分のクラスを導こうとしても、彼の生徒は彼をとおして、どの階級に自分が属しているかを学ぶ。医療は、消費者が要求するようになった工学化された環境のなかで彼らを生かし続ける。官僚制は、人々に無意味な仕事をさせるためには社会的に管理する必要があることの表れである。》（渡辺京二・渡辺梨佐訳『自立共生（コンヴィヴィアリティ）のための道具』）

そこへ行くと、農の福祉力と教育力は、それとは正反対である。農業は土地に根差している。シモーヌ・ヴェーユが恐れたような、根こぎの人々ではない。ここにいて場を耕し、根っこを掘り下げれば、世界につながる。「場」は「土」と「易（太陽）」を組み合わせた文字である。つまり、太陽が直接照らしている土地の意味だ。したがって、穀物を乾燥させる場所の意味がまず生まれ、ここから人々が集まってなんらかの出来事が生じる場所の意味が生まれた。

余談だが、私は応募していた区民農園の抽選が当たって、つい最近、三メートル平米の土地で野菜づくりを始めた。トマト、ナス、キュウリ、ピーマン、カボチャ、トウモロコシ、エダマメ、ミニスイカ……。一日置いただけで、どれだけ生長したろうか、水やりや手入れはどうしようと、そわそわしてきて、それが楽しい。

すなわち、場とは本来、農業労働と結びついた土地のことをいい、だからこそ、さまざまな人々に開放され、多様な人々が集まり、交わり、生み出し、共に包み込み、共に活動することを意味するのだろう。

これが、イリイチのいう管理された教育とは異なる、農の福祉力、教育力である。種を撒き、育て、収穫する農の営みのなかで、自然と触れあい、生命の尊さを知り、自然の恵みと自然への畏敬を体得する。当然、近隣の人々との協力、協同の精神や思いやりの精神も培われるだろう。

農業は、人間の活動のなかで、最も深い生命的自然との全身的交流である。これと深く交流することは、分断化された私たちの生の機能を回復させてくれる。また、農産物の生産、加工、流通、消費を通じて、地域の人と密接につながっている。孤立を深める私たちが共同性、社会性を取り戻す切り札なのである。

ついでに言えば、カワグチ兄が特産品として実篤カボチャの生産を提案したのに倣（なら）って、新しき村で実篤湯を開設するというのはどうだろうか。温泉は無理としても、自然食レストランやバーベキュー施設を併設して、家族づれや近隣の老人にくつろいでもらう。江戸時代の浮世風呂の例もある。浴場は、人々が裸で交流する場である。自他共生にふさわしいのではあるまいか。

2　芸術と文化を発信する

前に私は芸術を介して新たな町づくりが成功した例を紹介したが、そのことが持つ意味合いも大切である。それには、『ユートピアだより』の著者、ウィリアム・モリスが「作り手と使い手双方の幸福としての民衆による民衆のための芸術」を唱えてアーツアンドクラフツ運動を主導し、若い世代に大きな影響を及ぼしたことについて述べるのが早道だ。

十八世紀後半の産業革命を経て、「世界の工場」になった十九世紀のイギリスは、一方で富者が貧者を苦しめる構造が顕著になり、それに反対して新たな社会運動が始まった。協同組合、労働者大学、セツルメント運動……。アーツアンドクラフツ運動はこれらの運動と連携しながら、十九世紀最大の反アカデミズム運動として、二十世紀のアートとデザインと、新しい生活スタイルを提示したのである。

武者小路実篤が主導した白樺派の運動も、文学のみならず、芸術にも熱心で、レンブラント、ゴヤ、ブレイク、ミレー、セザンヌ、ゴッホなど、泰西名画を本格的に紹介したことは良く知られている。「白樺」の同人が浮世絵を贈った返礼に、複製ではなく、本人から本物のロダンが贈られることになったのも、白樺派の手柄である。

一九三六年、実篤がヨーロッパに外遊したときはパリで、マチス、ルオー、ドラン、ピカソを訪問している。岸田劉生、梅原龍三郎、中川一政ら、わが国の著名な画家とも昵懇だった。私が編集者時代、原稿を手に実篤師が現われるのを待っている応接間の床には、マチスやらルオーやらの本物が、埃をかぶったまま無造作に置かれていた。

白樺派の芸術運動が、自由画教育（旧来の手本を模写させるだけの美術教育を批判、子どもに自由に描かせる必要性を説いた）と農民芸術（農閑期に工芸品をつくり、副収入を得ると同時に、美術的な仕事を通して、農民の文化と思想を高めようとする）を推進した山本鼎や柳宗悦に与えた影響も大きい。

柳宗悦は我孫子時代に実篤、志賀直哉、陶芸家濱田庄司との交友が始まった。浅川伯教・巧（新しき村会員）兄弟の感化で朝鮮の陶芸に魅せられ、李朝時代の無名の職人によってつくられた民衆の日用雑器を愛した。やがて、民芸運動をおこし、日本民芸館を創設する。新しき村は創設者が武者小路実篤であることで、農とともに文学や芸術への関心がきわめて高かった。

詩人の千家元麿、宮崎丈二、永見七郎、小説家の倉田百三、塚原健二郎、真杉静枝、悦田喜和雄、平林英子、耕治人、画家の野井十、城米彦造、瀬下四郎、播本脩三、金子嘉一、渡辺修（渡舟）、陶芸の浅川巧、竹田忠生、渡辺兼次郎らは、みな新しき村の会員で、プロ級の腕前だった。これは他の共同体にはあまり見られない特色で、いまも村内の実篤記念新しき村美術館と、会員の絵画・陶芸作品を展示する生活文化館が常時開館している。

文学や絵画・陶芸ばかりではない。『その妹』『愛慾』『桃色の室』『人間万歳』『だるま』など、実篤は戯曲にも傑作があって、新しき村の会員は、演劇部がしばしば実篤の戯曲はもとより、チェーホフの一幕物などを上演した。

芸術や文化は、日常の軛から脱して、人間の想像力をのびのびと発揮させてくれる。そこで作品にまで高められたものは、永遠と匹敵する価値がある。本章で農の福祉力、教育力や芸術・文化の発信についてさまざま述べたのは、新しき村にはこうした潜在力があるどころか、過去にそれを実行し、成果をあげてきた実績があるからだ。それでも足りなくて、実篤は新しき村にさらにこう呼びかけている。


新しき村よ。

お前は最も文明な村にならなければならない。

お前は最も精神的で最も物質的でなければならない。

お前が義務を知ると同時に自由を知らなければならない。

お前は人類の為に働くと同時に個人を生かさなければならない。

お前は最も積極的に人間生活の模範を示さなければならない。人間は如何に生活すべきか、如何に協力すべきか、それを汝は事実によって示さなければならない。

すべての人の生命と個性を汝は尊重しなければならない。

……

今お前はまだ若く、生長しつつあるもの、
汝はまだ小さく、弱く、消極的だ、だがお前の目指す処はあやまりでない。

目指す処に向って進め、
そして最も文明な、尤も人間らしい、健全で、よろこび多き村になれ、
汝

3　交響する空間

今後の新しき村、つまりは将来のあるべきコミュニティを考える上で、私は社会学者の見田宗介が唱える見解も、重視している。なぜなら、空想的なものとして、あるいは賞味期限切れのものとして一般にはきわめて評判が悪いユートピアを、むしろ積極的に評価して、それにのっとった考えを展開しているからである。以下、見田の『未来展望の社会学』からその核心部分を抽出する。

《ユートピズムは、人びとの願望に〈実在性〉のりんかくを与えて表現することをとおして、抑圧された民衆が、〈事実の重み〉の呪縛からみずからの想像力を解き放ち、あたかも〈唯一の可能な世界〉のごとくに立ちはだかるこの〈現実〉の世界のかなたに飛翔せしめる媒体でもあった。それは願望を希望（エスポアール）に転化する。》

《ユートピアが現実としてかんがえられているかぎりそれは幻想にすぎないけれども、ユートピアがユートピアとしてかんがえられているかぎり、それは現実的でありうる。》

《ユートピアは歴史に内在し、そして歴史を超越する。》

《ユートピアとは、現実にある状況をその内部から超出してゆく人間的な自由の運動の結節点である。》

《特定の人びとにとってのみ好都合な世界というものは、必然的に他の人びとへの暴力と欺瞞による支配の世界でしかありえぬ。》

《〈最適社会〉の全体は、みずからひとつの潜在的な〈コミューン〉であるばあいにのみ、あるいはむしろ、〈コミューン〉をその第一次的な原理としつつ、これを具体化するための道具的な制度として存在するばあいにのみ、その社会の人びとにとっての真の〈最適社会〉でありうる。》

《現実的であると同時に真に望ましい未来の構想は、多数性からの解放では断じてなく、多数性における解放でなければならない。

すなわちそれは、溶融的な共同性の幻想をその原理とするコミューンではなく、諸個体間の弁証法的な相乗性をはっきりとその原理とするコミューンでなければならない。》

《われわれの極限＝理念としての、解放された社会のイメージを、幻想的な無矛盾性や無葛藤性のうちにではなく、むしろ矛盾や葛藤の意味そのものを変換する磁場的な構造として、このように把握するならば、その新しい光のもとで、われわれが出発点としてきた、集列的な〈最適社会〉と溶融的な〈コミューン〉の理念もそれぞれ、あらたな相貌をおびてよみがえるであろう。

すなわちこのような磁場の構造のなかではじめて、〈コミューン〉の原理も〈最適社会〉の原理もともに、それぞれの幻想や呪縛の回路であることをやめて、現実的な意味をもち賦活されるであろう。》

《他者の他者性こそが相互に享受される関係の圏域である。われわれにとって好ましいものである限りの〈コミューン〉は、異質な諸個人が自由に交響するその限りにおいて、事実的に存立する関係の呼応空間である。》

《〈交響体・の・連合体〉という社会の構想は、無から有を作りだそうとするユートピアではなく、このように共同態と社会態という、社会関係の経験の二重の形式の、相互の媒介ということをとおして、幾千年かの人間の経験の歴史の中で、追求され、試行され、展開されてきたものの肯定的なエッセンスというべきものを、純化し、自覚化し、全面化しようとするものである。》

どれもいささか抽象的ではあるが、ここには未来のコミュニティが備えるべき基本的な要件が端的に示されている。それがただちに実現可能であるかどうかは別にして、納得できるものばかりだ。

4　現代のコスモポリタニズム

見田の言う「交響するコミューン」を、世界大に拡張していくと、コスモポリタニズムに接近する。新しき村でいえば、人類共生の部分だが、これについてはどう考えればいいだろうか。

コスモポリタニズムは、古代ギリシアの哲学者ディオゲネスが「あなたはどこの国の人か」と問われて、「世界市民（コスモポリテース）だ」と答えたことに由来する。有名なのは、カントの『永遠平和のために』の一節だろう。

《いまや地球のさまざまな民族のうちに共同体があまねく広がったために（広いものも狭いものもあるが）、地球の一つの場所で法・権利の侵害が起こると、それはすべての場所で感じられるようになったのである。だから世界市民法という理念は空想的なものでも誇張されたものでもなく、人類の公的な法についても、永遠平和についても、国内法と国際法における書かれざる法典を補うものとして必然的なものなのである。そしてこの条件のもとでのみ、人類は永遠平和に近づいていることを誇ることができるのである。》（中山元訳）

カントの時代から三百年経って、地球は、現実にまさにそういうものになった。ところが、世界はカントのこの願いと逆行して、いよいよ不安定になってしまった。二度の世界大戦と、東西両陣営間の冷戦。南北問題。民族や宗教を異にする国家同士の対立抗争。テロとの戦い。米中両大国の覇権争い。核の脅威。サイバー攻撃。宇宙戦争。

国際連合の安全保障理事会の理事国である中国、ロシアが、みずから規約違反を犯して一方的な侵略行為に走り、国家の連合である国際連合が機能しなくなった現状は、きわめて深刻である。

されぱこそ、人類共生の願いはいっそう切実になってきているのだが、そうであるなら、新たなコスモポリタニズムはどう構想すべきなのか。イギリスの地理学者で政治経済学者のデヴィッド・ハーヴェイは、主著『コスモポリタニズム　自由と変革の地理学』の結論部で、以下のように述べている。

《ブルジョアジーは、それ自身の姿に似せて、そしてその固有のニーズに合わせて、空間と場所を生産し、そうすることで地球という惑星の社会環境を徹底的に変革した（意図的であれ意図せざるものであれ）。その結果たるや実に驚くべきもので、熟考に値する。われわれは、五〇〇年前に存在していたのとはまったく異なる地理的世界に生きている。誰もが、これらの急激に変化する空間的諸関係、場所構築、環境変化に順応するよう強いられてきたし、いまも強いられている。その一方で、その間ずっと人々は、対抗空間と対抗的場所——変化に対処するのに、あるいはそれに積極的に抵抗するのによりふさわしい空間や場所——を構築しようともしてきた。したがって、現代ブルジョアジーのコスモポリタニズムは、無から生じた単なる観念ではなく、むしろそれは、遅くとも一四九二年というはるか昔に始まったこうした多様な地理的諸改革から生じたイデオロギーなのである。それに対するオルタナティブな、そしてはるかに平等主義（エガリタリアン）的なコスモポリタニズムの台頭に関しても同じように、それに先立つ諸変革に注意が払われなければならないだろう。すなわち、このような政治的理想にとっての——その実現にとってだけでなく、その十全たる定式化にとっての——地理的な「可能性の条件」における変革である。既成秩序を覆そうとするサバルタン・コスモポリタニズムを確固たるものにするには、それを可能とする地理の根本的変革に思考をめぐらせなければならない……》（森田成也訳）

文中にあるサバルタン・コスモポリタニズムとは、新自由主義のヘゲモニー下で抑圧され沈黙を強いられているサバルタン（従属的社会集団）が、さまざまな社会的実践を通して、コスモポリタン的な連帯を生み出していくことを意味している。

私は、地理学者らしくハーヴェイが「空間」よりも「場」を重く見ていることに共感する。しかし、それが左翼思想と結んでいることには不満があり、その点ではリベラリストの井上達夫氏が国内のみならず国境を越える正義、すなわち国家体制の正統性が国際的に承認されうるための規範の確立と、厖大な数の貧窮途上国民が極貧状態にあえぐ現実の改善を求め、加えて戦争、つまり国際社会における武力行使はいかなる条件のもとで正当化が可能か、世界秩序形成における権力の集中と分散の形態は、いかにあるべきかを問うていることに賛同する。未来のユートピアが進むべき方向も、そこにある。

5　求められる垂直の精神

現在の新しき村は、土地が荒れ放題で、一部を除くと今や居住者だけが必要とする村から、居住者にさえ必要とされない村になってしまった。この荒れた土地を耕して、私たちは、たとえ規模は小さくても、福祉や教育や芸術・文化の面での公益性が明らかで、その芯になる理念と精神性のみならず実際面での価値が、実篤師が唱えた以上の優れた村につくりかえていかなくてはならない。そうすることで、「不要不急」ではない、多くの人が必要とし、望むものにしなければならない。

自然は生き物に本能を与えて、蜜蜂をそのようなものにした。自然の試みは、見事に成功した。蜜蜂など、さまざまな個体は、本能の命ずるまま、共同体のためにのみ生きて死ぬのだから。けれども、脊椎動物になると、脳や神経系統が発達する。ことに人間が生の推進力にした知性が開花したせいで、本能は無くなりはしないが、二次的なものになってしまった。以後、知性は人間に反省を、個人には発明を、社会には進歩を要請した。

知性を授けられ、反省に目覚めれば、個人は自分自身の方を向き、ただ快適に生きることしか求めなくなる。近代とは、要するにその歴史ではなかったろうか。この観点から見れば、文学や民俗、そして宗教も、こうした知性の解体能力に対する防御反応でもあった。

キルケゴールは、絶望においてあらわになる無においてこそ、絶対者＝神への信仰飛躍が可能になると考えた（『死にいたる病』）。『現代の批判』の冒頭では、「現代は本質的に分別の時代、反省の時代、情熱のない時代であり、束の間の感激に沸き立っても、やがて抜け目なく無感動の状態におさまってしまう時代である」とも言っている。情熱的な時代が励ましたり引き上げたりするものを、情熱のない反省的な時代は、それと逆のことをする。人の足を引っぱったり、首を絞めたり。それが、水平化の時代ということだ。

けれども、私たち人間は、この世の水平的なものだけに満足できず、この世を超越するもの、この世の外にある垂直なるものを無意識のうちに希求している。ヒビヤ兄の言う「垂直の精神」である。詩人の田村隆一は「言葉のない世界」で、次のように書いた。

言葉のない世界は正午の詩の世界だ
おれは水平的な人間にとどまることはできない
言葉のない世界を発見するのだ　言葉をつかって
真昼の球体を　正午の詩を
おれは垂直的人間
おれは水平的人間にとどまるわけにはいかない

アルカディアでもパラダイスでもない、ユートピアの精神の要をなす垂直の精神を、私はこのようなものと解する。真昼の球体、正午の詩が、新生・新しき村で、会員はそこに参加することで（同化吸収されることではない）垂直的人間に生まれ変わる。

カントの言う「普遍」であり、「見えざる教会」であり、パウル・ティリッヒの唱える「究極的関心」でもある。たとえば、これが宗教であれば、その信仰のためにといえば、それだけで信徒は納得するだろう。だが、実篤師の唱えた自他共生、人類共生の理念は、宗教ではないし、イデオロギーでもない。ヒューマニズムや大正生命主義に近いが、はるかにそれを超えている。コスモポリタニズムの要素もある。

《神の前で、神と共に、神なしで生きる》

これは、私がヒビヤ兄から教わったボッヘンファー（ヒトラー暗殺計画に加担したとして処刑されたキリスト教神学者）の言葉で、垂直の精神とは、まさにこういうものではないかと思っている。特定の神の存在を前提として、その神に捧げるのが「祈り」であるなら、この世ならぬ垂直的なるものへの「心の集中」という言葉で置き換えてもいい。大江健三郎氏の小説に登場する「救い主」ギー兄さんもこれで、彼の言う「魂のこと」とは、そのことを目指していた（『燃えあがる緑の木』）。作者自身、インタビューに答えてこうも語っている。

《神がいるのかどうか、私には分かりません。恐らくいるのでしょう。私にとって一番重要なのは、魂や心が、この世界を越えた何かに向かうという志向です。》

これを単に超越性への志向と解釈してしまうと、垂直の精神とは意味合いがズレてしまう。なぜなら、それでは水平性、すなわち地上性が捨象されてしまうからで、垂直の精神とは大地に根ざしながらも、天に眼差しを向け、また地下を掘り進めることでもあるからである。

正義や理想と同じく、信念も個々に人の数だけあるだろう。しかし、ではなぜそれがユートピアでなくてはならないのか、それも選りに選って、あくまでも個の尊厳と共生の精神に立脚したユートピア共同体としての新しき村でなくてはならないのかと考えて、私はシモーヌ・ヴェイユの『重力と恩寵』に思い当たった。

《たましいの自然な動きはすべて、物質における重力の法則と類似の法則に支配されている。恩寵だけが、そこから除外される。》

《ものごとは重力にあい応じて起こってくるものだと、いつも予期していなければならぬ。超自然的なものの介入がないかぎりは。》

《重力——一般的に言って、わたしたちが他人に期待するものは、わたしたちの中に働く重力の作用によって決められる。》

《ただひとつの癒やしの道。すなわち、光を受けて生い育って行く葉緑素。》

《創造は、重力の下降運動、恩寵の上昇運動、それに二乗された恩寵の下降運動とからできあがっている。》

《自分を低くすることは、精神的な重力に反して上って行くことだ。精神的な重力は、わたしたちを高

みへとおとす。》（田辺保訳）

すなわち、ヴェイユの言うこの重力を、私はヒビヤ兄の言う水平的次元に働く歴史的社会的な、生存のための生の営為と考える。私たちはみな、日々現実の力関係や人間関係に律せられ、支配されて生きている。これが、地上における水平的な営みである。人はみな、重力に従って生きている。そう生きざるを得ない。

けれども、未来の新しき村には、宗教で言われるのと似て非なる恩寵がなければならない。光を養分に変える葉緑素。これが新しき村に求められる垂直性と普遍性である。それは、来世を乞い願う心とは違う。この世において、天と通じる高貴で崇高なこころである。

天を高貴な精神性と呼ぶなら、そう呼んでもいい。神と呼びたければ、そう呼んでもいい。ただし、それはいかなる既成の宗派や教団や教義とも無縁である。強いて言うなら、実篤の言う「天命」に共鳴するか否かで、そこに含意されている精神が垂直性なのである。

現世では入手しがたいこの純粋な価値、すなわちそれこそが理想だが、しばしばそれは一見、稚拙で素朴なものとして現れる。さもなければ、ジャンクで有害なものとしても現れる。

「仲良きことは美しき哉」「人間萬歳」。実篤が唱えた言葉は前者と受け取られ、多くの知識人は、それを馬鹿にし、冷笑し、足をひっぱった。骨の髄までシニズム、ニヒリズムに冒されていたか、マルクシズムに凝り固まっていたからである。今日でいえば、相田みつを並みの、陳腐で通俗的な生活上の標語であるとして軽蔑した。中高生時代、生意気盛りの私も、この口だった。

「美　愛　真」「天に星　地に花　人に愛」。それは、ロンギノス、エドモンド・バーグ、カントらがしばしば美と対をなすものとして語った崇高の精神、すなわち垂直性を含意していることを忘れてはならない。

他方、後者のジャンクなもの、有害なものは、前に述べたカルトやオウム真理教の場合である。酒鬼薔薇事件、しかり。秋葉原での無差別殺人事件、しかり。ナチスに熱狂したのも、そうだ。私たちがこれらの事件に戦慄したのは、それが常軌を逸した異常な行為だったからだけではない。そこへと引き寄せられていく心の渇きを、多かれ少なかれ、共有していたからだ。

6 「魂のこと」とは？

それゆえにと言っていいと思うが、この水平化の時代、私たち現代人はシニズムやニヒリズムといっそう親和的である。現代社会が強制してくる圧迫や負荷をスマートにやり過ごすには、それが便利で、何もしない自分への言訳にもなるからである。

なにごとにも受身だが、澄明で甘哀しい喪失感と、デタッチメント（現実と距離を置く態度）。ひところ若い男女のあいだで、村上春樹氏の小説が圧倒的に支持されたのは、よく理解できる。『風の歌を聴け』『1973年のピンボール』『羊たちの歌』『ノルウェーの森』、心の傷は傷として、作中の語り手はそれには上手に目をつぶって、決定的な破局は回避する。

しかし、その都会的なソフィスティケーションの名手村上春樹氏も、阪神大震災や地下鉄サリン事件、酒鬼薔薇事件以後は、はっきりと転回を遂げて、『ねじまき鳥クロニクル』『海辺のカフカ』『1Q84』などで、闇の正体と正面から向き合うようになってきている。デタッチメントからコミットメントへ。心の中の井戸を深く掘り進むうちに、普遍的な悪の存在に突き当たったのだ。
村上龍氏の場合は、もっと過激である。『限りなく透明に近いブルー』『コインロッカー・ベイビーズ』『海の向こうで戦争が始まる』『愛と幻想のファシズム』は、戦後社会の欺瞞と無力に腹を立て、性とドラッグに明け暮れる若者の、どうにも我慢のならない心の空洞を鮮烈に映し出していた。『五分後の世界』『ヒュウガ・ウイルス』『半島を出よ』では、アメリカに骨抜きにされた日本は、すでに消滅していて、反乱軍は地下に立て籠もっている。『希望の国のエクソダス』では、登場人物の中学生に「この国には何でもあるが、希望だけがない」と言わせていた。
今日の衰弱し、空洞化した日本に絶望する村上龍氏は、かつてキューバのカーニバル＝祝祭に魅せられたときのことを、こう語っていた。

《キューバという国、そこに生きる人々、その音楽とダンス、絵画や宗教などからわたしが学んだことは数限りなくあるが、その中でもっとも大切なことは、伝達への意志、ともいうべきものだった。生き延びていくために大切な何かを知り、それを未知の誰かに伝えること。》（「果てしないキューバの魅力」）

《人生は、カーニバルだろうか？　その答えは、みなさん一人一人の人生への視点に拠る。わたしが決める問題ではない。だがキューバにいると、人生はカーニバルだ、と心から思う瞬間が必ず訪れる。だがそれは、ひたすら明るいとか、能天気だとか、決してそういったニュアンスではない。むしろ、人生には辛く苦しく悲しいことが充ちていて、人間と人間の出会いと別れが本質的に非常に切ないものであるからこそ、「人生はカーニバルだ」というような高揚感が日々必要なのだ、ということだ。》（「人生はカーニバル」）

《キューバの人々はなぜポジティブで明るいのか。それは単に美しい海と輝く太陽があるからではない。彼らはポジティブで明るくないとサバイバルできなかったのだ。なぜキューバには美しくて強い音楽とエレガントで生命力あふれるダンスがあるのか。それはキューバ人がそういった音楽とダンスを必要としたからだ。》（「キューバの人々」）

けれども、わが国のようにかつての共同社会が解体し、壊滅したなかで、新たな希望に満ちた共同体を築くのは、小説のなかにおいてすら、至難の業である。それは、大江健三郎氏の力量をもってしてもそうで、少年時代には至福の地であった四国の「谷間の村」を失った作者は、『万延元年のフットボール』以降、『洪水はわが魂に及び』『同時代ゲーム』『M／Tと森のフシギの物語』『治療塔』『燃えあがる緑の木』といった一連の長編小説で、谷間＝村＝国家を未来のユートピア共同体に組み替えていこうとさまざまに試みるが、どれも苦渋に満ちたものになった。

安部公房の『砂の女』や『方舟さくら丸』も、まことに皮肉な小説である。初期の『終りし道の標べに』や『けものたちは故郷をめざす』で、日本と満州、二重の祖国喪失を描いた作者は、地縁とも血縁とも切れたところに自己のレゾン・デートルを定め、集団や共同体を嫌悪し、忌避するが、『砂の女』では、都会を逃れて砂丘で昆虫の採集をしていた中学校の教師が、砂丘の穴の底にある陰湿で閉鎖的な、蟻地獄のような共同体に墜ちこみ、そこから脱出しようとして、ようやく成功するかに思えたとき、自分から縄梯子を降りて、砂の底に戻っていった。これは、いったい何を意味しているのか。

『方舟さくら丸』では、地下採石場の巨大な洞窟に核シェルターを作った男は、生き延びるための切符を手に入れたというのに、滑稽にも便器に片足を吸い込まれて身動きができなくなり、現代の方舟は、航行不能に陥る。

ということは、ユートピアは、やはり手にするにはほど遠い、永遠に未完な目標なのであろう。けれども、ここで大切なことは、たとえ不可能であろうと、見果てぬ夢であろうと、こうして現代の日本を代表する作家たちが、そろいもそろって、失われた共同性の回復に努め、「魂のこと」を実現しようと、新たなユートピア共同体のありかを模索していることだ。そうせずには、未来に希望がないからで、いまやこのことを措いては、世界文学の主題はないといっても言い過ぎではない。

つまり、このことこそユートピアの普遍性を表すものであって、良きにつけ、悪しきにつけ、それは個人の内部や共同体の内部には自閉しない、外部に開かれた存在のありかたなのである。

それを、自暴自棄になった庶民が幕末に熱狂した「ええじゃないか」や、一部カルトのあいだで猛威をふるった狂信と一緒にしてはならない。ことさらに危機をあおるのは、粗雑な変革家、贋予言者、悪しき宗教家の常で、私たちがそうした煽動に乗ってはならないのは言うまでもない。といって、なにごとにも距離を置き、シニカルに、懐疑的に構えていては、何も始まらない。私たちは奴隷ではないのだ。どこの国の人間であろうと、どの組織に属する人間であろうと、地上に生れた限りは、だれしも人間の尊厳と幸福を追求する権利を有する。幸福は快楽とは異なる。しかし、個人の幸福や家庭の幸福は、やはり水平的次元のものだ。

「龍となれ雲自ずと来る」(実篤)——天は高く、空は広い。幸福も大切だが、それよりも大切なのが自他共生、人類共生だ。実篤師の言う「美愛真」、つまり、美や愛や真理といった普遍的な価値が実現されることを願うのを恥じる必要はないのだ。すべての人が出遭い、ぶつかり合い、交差し、影響を与え合い、交歓する場。真の共生は、そうした場から生まれて来るし、そこまでいかなくては本物にならないだろう。

Ⅸ　二十一世紀のユートピア共同体

1　いまが正念場——急務なのは、会員の飛躍的増員と中核になるメンバーの確保

長々と述べてきたが、冒頭の三頁に書いたとおりで、すったもんだあったけれど、最終的には、土壇場で新しき村を公益財団法人に移行することが、全会一致で承認されたのであった。終わりよければ、すべてよし。私はそれが可能なことを知らされるまでは、村はもはや恥も外聞もなく、土地不動産の切り売りを始めるか、どこかに身売りするのであろうと思っていたから、心底生き返った気がした。

けれども、これでともかくも、当面の消滅は免れて、存続のための受け皿ができたというに過ぎないのであって、問題は、これから。まだ、何も始まっていないのである。

聞くところでは、P弁護士は村民側に、公益法人になれば、寄付をする場合に税率が抑えられるので、外部からの寄付が受け入れやすくなるというふうに説明しているようである。それもあるかもしれないが、私が喜んだのは、そのことではない。

認定が得られれば、もっともっと公益に資する新事業を開拓して実績をあげなくてはならないので、それを目標にした新たな共同体づくりに取り組めることが一つ。もう一つは、新組織のもとでは、当初から私たちが強く望み、その実現が困難と思われていた、ワンチーム体制、つまりオール新しき村体制が、自動的に実現することになるからである。

では、私たちは、未来のユートピア共同体にいかなるヴィジョンを持ち、どのような方法でそれを実現させるのか。その一端を前章で述べたが、何をするにしても、先立つものは、有能な人員と豊富な資金で、なかでも急務なのは村内・村外の会員の飛躍的増員と、中核になるメンバーの確保である。ここでは、もう少し具体的に、私たちのプランを述べてみたい。

私の構想では、新しき村の村内会員は、全員、公益財団法人新しき村の職員という位置づけになる。仮の組織図を掲げると、こうなる。

公益財団法人新しき村本部
理事会
理事長
専務理事
常務理事
理事
監事
評議員

顧問
参与

毛呂山新しき村

コミュニティ・センター（企画、広報、渉外、総務）　美術館　生活文化館集会場　宿泊施設
アトリエ　窯場　茶室　有料老人ホーム　託児所　緊急避難施設　市民農園　食堂・兼公会堂
大愛堂　事業部、経理部、販売部、農業部、福祉部、文化部（出版、催事、音楽祭、美術展、映画・演劇祭）、教育部（体験入村、後継者養成）、国際部

日向新しき村

農業部　畜産部　教育部

各支部

東京支部　神奈川支部　千葉支部　東北支部　札幌支部　関西支部　九州・西日本支部　ブラジル支部　ペルー支部　中国支部　韓国支部　アジア・アフリカ支部　ロシア支部　アメリカ支部　ヨーロッパ支部 etc.

協賛・支援団体（交渉予定）

実篤記念館　清春白樺美術館　白樺文学館　石井十字記念館　東武鉄道　毛呂山町　埼玉県

木城町　宮崎県　調布市　早稲田大学　東京国際大学　文星芸術大学　獨協大學　ものつくり大学　東京農業大学　明星学園　国立近代文学館　神奈川近代文学館　さいたま文学館　神奈川県立近代美術館　埼玉医科大学病院　小学館　新潮社　角川書店　東京書籍　読売新聞社　東京新聞社　埼玉新聞社　西日本新聞社　共同通信　凸版印刷　高麗神社　森ビル　etc.

すなわち、新生・新しき村は、毛呂山の新しき村に本拠を置いて、公益財団法人新しき村が、その直接の運営にあたるが、日向新しき村や、各支部、協賛・支援団体を含め、村内・村外のすべての会員を包摂する組織であることを、忘れてはならない。

新生・新しき村および公益財団法人新しき村の心臓部は、コミュニティ・センターである。企画・広報・渉外、総務の各部を置いて、センター長がリーダーになる。ほかに、村内には、事業部（新規収益事業）、経理部、販売部、文化部（芸術村、実篤塾の運営。白樺叢書の発行。講演会、演劇祭、音楽祭、各種イベントの実施）、教育部（体験入村、後継者養成）、農業部（実篤かぼちゃや高品質野菜の開発など、特産品の生産・販売）、福祉部（有料老人ホーム、託児所、レストハウス、実篤湯）、経理部（基金や寄付金の管理を含む）、国際部があって、新生・新しき村の活動を分担する。すべて、公益財団法人の職員なので、既定の給与が支給される（各種保険は別）。役員も報酬を受け取る。

これに先立って、理事会、評議員会の役員の刷新と定款の根本的な見直しが求められることは、言うまでもない。その選定の方法から、中立性・透明性の担保など、すべては法律に則って公正におこなわれなくてはならないし、役員は当然のことながら、法人を維持発展させる実務能力があって、新生・新しき村の理想実現に燃える者でなくてはならない。理事には日向新しき村の村民を必ず加え、事業、文化、教育、農業、福祉、経理、販売の各部の責任者が就任する。

評議員会は、理事会および理事が曲がったことをしていないか監視する機関として重要。理事会への提言、助言も求められる。

公益財団法人新しき村は、運営上の組織だが、全員が新生・新しき村の会員である。新生新しき村は、毛呂山新しき村、日向新しき村の村内会員と、全国各地の村外会員、協賛会員から成る。支援団体や基金の出資者も、当然、新生・新しき村のメンバーである。

新しき村の会員は、新しき村の精神と新生・新しき村の綱領を共有し、ロードマップに則って二十一世紀に相応しい理想的なコミュニティの創出を目指す。村内の会員と村外の会員は対等で、活発な交流が求められる。理事会・評議員会での決議は尊重されるべきだが、最高の協議機関は会員大会である。

当面の課題は村内・村外の会員の飛躍的な増員と資金力の強化、必要な人材の確保で、法人の役員はもとより、会員全員が総力をあげて取り組む。

新会員及び一般の職員は、直接の応募を受け付ける（本書奥付の新生・新しき村関係専用著者アドレスまでメールでご連絡ください）ほか、毛呂山町のハローワークや人材派遣会社等を通して、募集する。村内常駐を原則にするが、事情により、通村も可。

従来の新しき村は、全員が平等で、共産社会に近かった。一般の社会とは違うそのことの良い面もあったけれど、近年はそれが悪く作用していた。これからはそうはいかない。各人の任務を明確にし、責任が取れるようにするためにも、役員、職員、会員と一定の区別は必要になるだろう。新綱領の作成や新入村規定の作成が急がれる理由で、巻末の付録にその私案を載せておいた。

ただし、誤解してならないのは、これは決して世間で言う雇用―被雇用を意味しないことである。基本は、一人一人が新しき村という場所で、そこに居住するしないにかかわらず、自分にふさわしい生き方、働き方を見つけて、新しい社会をつくるべく、一人一人が経営者であるという自覚をもつことが前提になる。

2　新生・新しき村の心臓部、コミュニティ・センターの仕事

新生・新しき村の頭脳であり、心臓であり、エンジンであるコミュニティ・センターは、機関誌《新生・新しき村》、同ホームページ、《新・ユートピア数歩手前からの便り》を発行して広報活動を担い、新しき村の存在を全世界にアピールする。

コミュニティ・センターは村内の各部と連携して企画立案をリードし、ときに渉外も担当する。後継者を育てたり、職員や会員一人一人の親身な相談に乗ることも、大切な仕事である。

村内・村外の会員の飛躍的増員や、各種企業・団体・教育機関に協力を要請して基金への出資をつのるためにも、早期の立ち上げが必要で、施設の新設、人員の確保に全力をあげる。

私の構想では、ヒビヤ兄がセンター長で、兄の右腕になる有能なメンバーが、四人は欲しい。社会経験があって、専門知識を備え、アイデアやプラン、実行力のある人間である。新生・新しき村の要になる人物なので、他の職員よりも優遇する。センターの職員は別途公募するが、希望者は本書奥付に載せたメール・アドレスまで、履歴書と作文「新生・新しき村の私」を添えて、ご連絡を。

東京支部の集会場は、神田神保町という好位置にあることを生かして、コミュニティ・センターの出張所的役割を果たす。勤め帰りの社会人や近隣の大学の学生が気軽に立ち寄れるオープンな交流の場とし、

定期的に哲学カフェや文学カフェを開催する。読書会、勉強会、学習会や上映会、展覧会もおこなう。

参加者は新生・新しき村の会員でなくても、かまわない。実篤全集や実篤記念館の発行物、新しき村の関連書籍、機関誌、文学、思想、哲学、宗教、共同体に関する文献などを常備し、自由に貸し出しする。会が終れば、近くにいくらでもアルコールの飲める店がある。希望者は好きなだけ議論できるし、たまにはカラオケに興じるのもいいだろう。新しき村訪問日、日向新しき村ツアー、白樺美術館や瀬戸内海の直島など各地の施設の見学会を催してもいい。

村内にコミュニティ・センターが出来るまでのあいだ、この新村堂がその役割を担う。

ちなみに、本書を著すにあたって、さまざま相談にのってくれたヒビヤ兄は、「新しき村の組織について」という題で、以下の文章を寄せてくれた。新しき村の公益財団法人化が未承認で、組織の抜本的な改正が未着手である現在、組織や入村規定の細部まで詰めるに至っていないが、その構想とおおよその方向性には、私も賛成である。


《新しき村の組織もしくはその入村規定について考える時、私はいつも次のようなティリッヒの言葉を思い出す。

「教会は新しい存在の共同体である。私はよく人が「私は組織された宗教を好まない」と言うのを耳にする。組織された宗教が教会ではない。教職階層制的な権威が教会ではない。社会的な組織体が教会ではない。確かに教会はこれら全てではあるが、第一義的には、新しい現実に捉えられ、その表現を与えられた人間の共同体である。教会とはそれのみを意味する。」

イエスとその弟子たちとの一次的な関係態は正に理想の共同体であった。しかし、イエスがキリストとされ、その信仰をケリュグマ（信徒信条）とする教会が組織され、その教会がやがて普遍的（カトリック）に発展するにつれて、共同体としての堕落が始まっていく。その堕落に対する抗議（プロテスト）の運動もまた、それが組織化されて発展していくと、結局は同じ堕落の轍を踏むことになる。どんなに立派な共同体も組織化されると堕落が始まる――ここに共同体の運命がある。世界的な大宗教からオウム真理教のような邪宗まで、新旧を問わず、その運命を避け得た共同体はない。それは宗教教団に限らず、政治結社や経済団体についても同様だろう。共同体は組織化と共に必ず堕落する。例外はない。しかし、組織化しなければ共同体の現実的な発展はあり得ない。これまた例外はない。では、どうするか。

　新しき村百年の歴史を振り返ってみれば、実篤は当初からこうした共同体の運命についてかなり自覚的であったと思われる。少なくとも、実篤は村のカリスマ的存在になろうとはしなかったし、むしろそう見做されることを嫌い、あくまでも村の平等主義を貫こうとした。とは言え、実篤は否応なく村の中心的存在であらざるを得なかったし、それとは別に実務的能力に優れた人が中心となって村の経済を自立させてきたことも厳然たる事実だ。村に中心がなかったわけではない。しかし、それでも村に上下関係はなく、従って誰かが誰かに何かを命令するということは忌避され、経験や能力に大きな差がある熟練者と新人であっても労働の報酬は全く同じなど、村の平等主義という原則が曲がりなりにも堅持されてきたこともやはり事実なのだ。その意味において、村には中心的人物はいたが、彼らを中心に村が完璧に組織化されることはなかったと言えよう。果たして、こうした平等主義は村にとって良かったのか悪かったのか。

　鄙見（ひけん）によれば、実篤にせよ、他の有能な誰かにせよ、或る特定の人間が積極的に村の組織化を推進していれば、村は経済的に豊かで活気のある生活を実現できていただろう。しかし、それは村の外の資本主義的企業の発展と同じであり、効率的に組織化されて発展した村はもはや新しき村とは言えない。結果、そのような村は一時的に活況を呈しても、百年存続することはなかったに違いない。ならば、組織化を嫌って経済的発展に背を向けた平等主義が村を百年存続させたと言えるのか。否！　その場合には、村はもっと早く消滅していただろう。新しき村の百年は実篤の経済的援助と或る実務能力者によって導入された養鶏事業の経済的成功によるものに他ならない。

更に言えば、後者によって村の経済的自立は成し遂げられたのであり、それは村の或る程度の組織化によって実現したものだと言えよう。確かに、その時、村の人口は若者を中心に増加し、最も活気のある時期を迎えていた。しかし、その反面、養鶏事業を中心に組織化された村は如何に経済的に発展しても本来の村の在り方とは違うという疑念も増大し、心ある若者たちの離村が相次ぐことになる。その養鶏事業も今は見る影もなく、ただ経済的発展に取り残されて形骸化した平等主義にしがみつく醜悪な村だけが残されている。結局、今の村は過去の養鶏事業の成功によって築いた財産を食い潰しているだけであり、早晩消滅することは目に見えている。これが新しき村の偽らざる現実なのだ。我々はこの現実を直視することから始めなければならない。

何れにせよ、このままでは新しき村の将来がないことは明白だ。それ故にこそ、我々は新生・新しき村の実現を熾烈に求めているわけだが、それがもはや組織化による経済的再建ではあり得ないことは言うまでもない。さりとて何らかの組織化、旧態依然たる村の事なかれ主義的体制の組織的立て直しが要請されていることも事実だ。組織化、是か非か。ティリッヒは言っている。

「共同体はどこにでも存在し、どのような形においてでも自己をあらわすことができる。それは潜在的であることもあり、顕在的であることもある。組織化された教会においては、それは顕在的であり、新しい存在によって捉えられた人びとの、組織化されない集団においては、それは潜在的である。しかしその両面は相関連している。潜在的な教会は常に、顕在的な教会の批判者であり審判者であり、顕在的な教会は潜在的な教会が暗黙のうちに努力している目標である。」

不可視もしくは潜在的共同体と可視もしくは顕在的共同体。確かに、組織化されない前者は純粋無垢な理想であり、組織化された後者は常に堕落の危険性を孕んでいる。しかし、前者に閉じこもっていては何も現実には始まらない。それは大人になることを拒んだピーター・パンのファンタジーにすぎず、大人として生きる我々の「この道」足り得ないだろう。「この道」は両者の螺旋的循環にこそ見出される。勿論、大人になっても子供の心を持ち続けることは大切だが、いつまでも子供のままでいようとすることは醜悪でしかない。我々は敢えて組織化という火中の栗を拾わねばならぬ。その意味において、「組織化が堕落をもたらす」という共同体の運命の徹底した超克こそが望まれている。

これまでの村はただ単に組織化を回避してきたにすぎない。私は後述の綱要の最後において、我々の新しき組織は「組織として不断に自らを解体していく組織」でなければならないと明言した。それは一体、如何なる組織か。容易に答えが出る問題ではないが、すでに柄谷行人氏のＮＡＭ原理など、主にマルクスのアソシエーションに学んだ様々な試みがなされている。新生・新しき村はそうした試みと連帯しながら「組織ならぬ組織」、すなわち祝祭共働態を摸索していく場をつくっていきたいと考えている。一人でも多くの共鳴者の出現を願って已まない。

さて、最後に入村規定だが、これまで述べてきたように新生・新しき村の組織は未だない全く新しい組織であるために、残念ながら具体的に提示することが叶わない。実篤は「新しき村の仲間になる資格」を問われて端的に「たえざる熱心さえあればいい。熱心な人には規則はいらない」と答えているが、問題は「何に対する熱心か」ということだろう。現時点では「ユートピア活動に対する熱心」としか言いようがない。暫定的な入村規定は別記の通りだが、綱要に明記された新生・新しき村の理想に共鳴してくれる同志と一から村づくりを始めたいと思っている。入村規定もそこから自ずと生まれてくるものと信じたい。》

3　武者小路実篤と宮澤賢治

毛呂山の新しき村を訪ねると、入り口に三本の標柱が立っている。一本は、実篤自筆の有名な「この道より我を生かす道なしこの道を歩く」。もう一本、道を挟んで両側に立っている方も大切で、「この門に入るものは」「自己と他人の生命を尊敬しなければならない」（新しき村を自活に導いた第二代新しき村理事長、渡辺貫二筆による実篤の言葉）である。

何を当たり前のことを、と思う読者もいるかもしれないが、私はこれを、じつは宮澤賢治の「世界がぜんたい幸福にならないうちは個人の幸福はあり得ない」（「農民芸術概論綱要」）と同じか、それ以上に難しいことの一つと考えている。

賢治の場合は、「羅須地人協会」（社会改良家ジョン・ラスキンと内村鑑三が農民を讃えた「地人」の合成語との説がある）での実践がその手始め。これは新しき村創立の八年後のことだから、当然、新しき村を意識してのことだったろう。

同時代を生き、同じく農業と芸術が両立するユートピア共同体の設立に努めた武者小路実篤と宮澤賢治が、並べて論じられることがないのは遺憾である。おそらくそれは、見かけ上の作風や人柄があまりにかけ離れ、実篤全集や賢治全集のどこにも、互いが言及している箇所が発見できないからだろうが、個と全体の調和、人類の幸福といった理想を追求している点では深部で共通しており、当時なぜこうした思想とその実践が日本で出現したのか、大正から昭和にかけてのその時代的理由をよく考えてみなくてはなるまい。

結局、宮澤賢治の試みは頓挫し、作品だけが残った。小説「ポラーノの広場」では少年農夫ファゼーロが友達の羊飼いミーロらと共に、自分達を虐げる地主のテーモや山猫博士の圧迫をのがれて、理想の広場をつくるまでが描かれるが、その広場（＝ユートピア共同体）の実態や具体的な運営についてまでは描かれておらず、最終稿の末尾にとってつけたように、「産業組合」という言葉が置かれているのみ。「まさしきねがいに／いさかうとも／銀河のかなたに／ともにわらい／なべてのなやみを／たきぎともしつつ／はえある世界を／ともにつくらん」という「広場のうた」の歌詞に比べると、ずいぶん貧弱だ。

とはいえ、賢治が求めてやまなかったその理想が、「広場」づくりにあったのは間違いない。本書でたびたび登場してもらっているヒビヤ兄は、それを「祝祭共働態」となづけて、新しき村の未来像を追求している。その着想のもとは、賢治の「農民芸術概論綱要」だったという。（以下、抜萃）

《おれたちはみな農民である　ずいぶん忙がしく仕事もつらい
もっと明るく生き生きと　生活をする道を見付けたい
世界がぜんたい幸福にならないうちは個人の幸福はあり得ない
自我の意識は個人から集団社会宇宙と次第に進化する

新たな時代は世界が一の意識になり生物となる方向にある
正しく強く生きるとは銀河系を自らの中に意識してこれに応じて行くことである

曾つてわれらの師父たちは乏しいながら可成楽しく生きていた
そこには芸術も宗教もあった
いまわれらにはただ労働が　生存があるばかりである
宗教は疲れて近代科学に置換され然(しか)も科学は冷く暗い
芸術はいまわれらを離れ然もわびしく堕落した
いまやわれらは新たに正しき道を行き　われらの美をば創(つく)らねばならぬ
芸術をもてあの灰色の労働を燃せ
ここにはわれら不断の潔(きよ)く楽しい創造がある
都人よ　来ってわれらに交れ　世界よ　他意なきわれらを容れよ

農民芸術とは宇宙感情の　地人　個性と通ずる具体的なる表現である
そは直観と情緒との内経験を素材としたる無意識或は有意の創造である
そは常に実生活を肯定しこれを一層深化し高くせんとする
そは人生と自然とを不断の芸術写真とし尽くることなき詩歌とし
巨大な演劇舞踏として観照享受することを教える

声に曲調節奏あれば声楽をなし　音が然れば器楽をなす
語まことの表現あれば散文をなし　節奏あれば詩歌となる
行動まことの表情あれば演劇をなし　節奏あれば舞踏となる
光象生産準志に合し　園芸営林土地設計を産む
香味光触生活準志に表現あれば　料理と生産とを生ず
行動準志と結合すれば　労働競技体操となる

四次感覚は静芸術に流動を容る
神秘主義は絶えず新たに起るであろう

世界に対する大なる希願をまず起せ
強く正しく生活せよ　苦難を避けず直進せよ
なべての悩みをたきぎと燃やし　なべての心を心とせよ
風とゆききし　雲からエネルギーをとれ

……おお朋だちよ　いっしょに正しい力を併せ　われらのすべての田園とわれらのすべての生活を一つの巨きな第四次元の芸術に創りあげようではないか……

まずもろともにかがやく宇宙の微塵となりて無方の空にちらばろう

しかもわれらは各々感じ　各別各異に生きている
詞（ことば）は詩であり　動作は舞踏　音は天楽　四方はかがやく風景画
われらに理解ある観衆があり　われらにひとりの恋人がある
巨きな人生劇場は時間の軸を移動して不滅の四次の芸術をなす
おお朋だちよ　君は行くべく　やがてすべて行くであろう

……われらに要るものは銀河を包む透明な意志　巨きな力と熱である……
われらの前途は輝きながら嶮峻である
嶮峻のその度ごとに四次芸術は巨大と深さとを加える
詩人は苦痛をも享楽する
永久の未完成これ完成である》

「おお朋だちよ、いっしょに正しい力を併せ、われらのすべての田園とわれらのすべての生活を一つの巨きな第四次元の芸術に創りあげようではないか」「もろともにかがやく宇宙の微塵となりて無方の空にちらばろう」「われらに要るものは銀河を包む透明な意志、巨きな力と熱である。われらの前途は輝きながら嶮峻である。嶮峻のその度ごとに四次芸術は巨大と深さとを加える。詩人は苦痛をも享楽する。永久の未完成これ完成である」。これらの言葉には、祝祭性と同時に垂直性も含まれている。ユートピア本来の精神そのものだ。

《自然の人間をつくりたいといっても、その人間を未開人にして、森の奥ふかいところに追いやろうというのではない。社会の渦のなかに巻きこまれていても、情念によってもひとびとの意見によってもひきずりまわされることがなければ、それでいい。自分の眼でものを見、自分の心でものを感じればいい。》（『エミール』今野一雄訳、以下同）

《大都会では堕落は生まれると同時に始まり、小さな都会では理性の時期とともに始まる。地方の若い娘たちは、めぐまれたその素朴な習俗を軽蔑することを教えられ、いそいでパリにやってきて、わたしたちの頽落した習俗を身につける。》

《人間はアリのように積み重なって生活するようにはつくられていない。かれらが耕さなければいけない大地の上に散らばって生きるようにつくられている。一つところに集まれば集まるほど、いよいよ人間は堕落する。》

フランス革命の導火線となった『人間不平等起源論』や『社会契約論』の著者ルソーは、「自然に帰れ」をモットーとした啓蒙思想家として知られるが、教育論である『エミール』は、人間がいかにたやすく堕落し、頽落するかを予言していて、いまも教えられる。

ヒビヤ兄は祝祭共働態なるものを、必ずしも実体でなければならないとは言っていない。実体ではなくて関係態、そこへ向けて働きかけることを念頭に置いていた。だから、「共同体」ではなくて「共働態」としてある。

4　祝祭共働態を目指して

共同体を、地縁血縁にのみ狭く限定してはならない。誤解を恐れずにあえて言えば、必ずしも同じ言語、同じ理念、同じ理想、同じ祈りを共有していなくてはならないというものでもない。自他の共生とは、自他の融合を意味しない。共生とは、互いに異なるものだからこその共生で、「溶融」や「同化」ではないのだ。

そもそも異種同士が排他ではなくて共生することに、生物学的な事実があった。私たちの身体はどうしようもなく自己中心的でありながら、一方で共同的である。この両義性をしっかり見据えながら、一人一人の差異が響き合い、個と個が交歓するまでに高めていく。それには、共存や共生だけでは足りない。もっと自主的自発的に他者との関係を、互助的互恵的なものから、より創造的、活動的な共働共助へと組み替えていく必要がある。

共同を共働としたように、自立も自律と言い換えたほうがいいかもしれない。自律は自立を含みながら、自己自身を維持するだけでなく、創造し決定する、より積極的な能力だ。

私たちは近代的な観念である「自己」の尊厳、「自己」の自律はあくまで尊重しながら、その「自己」を超えて、「他者」と共生し、「類」との共生に向わなくてはならない。実篤が言う「自他共生」「人類共生」とは、それを先取りして言っている。

「自他共生」「人類共生」がどれだけ大切かは、それが出来なくなったときのことを考えればいい。「はじめに」で述べたように、世界の底が抜けてしまった現在、グローバリゼイションと新自由主義的な政策、一元的な市場主義がこのまま変わらず、こうしたシステムに呑み込まれたままであるなら、格差と分断で自他の距離は広がるばかり、国と国、民族と民族もナショナリズムや敵対が露骨になるばかりで、破局は避けられない。

もう一つ注意しなくてはならないのは、既成の社会的装置への依存が高まり、ＩＴなどによる脱身体化が進むと、最低限の経済活動以外には、時として負担も伴う他者との関係性を維持構築しようとする動機が薄れ、なにごとにも不介入、無関心を決めこんで、生きることの意味を失ってしまいかねないことだ。

意のままにならない他者と共生するのは確かに容易ではないが、私は百年前に武者小路実篤らがはじめた新しき村を、世界に先駆けて改めてこうした自律共働の関係態に作りなおしていく実践な場とすること、そのことこそが、二十一世紀の新しき村が目指す使命であり、果たさなくてはならない役目なのだと思う。その意味で、私はルネ・シェレールが『ノマドのユートピア』で提言していた「歓待」が、祝祭共働態を実現するためのキーワードになると考える。

《ユートピアはつねに「歴史」の犠牲者のために、「歴史」から忘れられた者のために書かれる。それは、今日においては、世界経済システムによって押しつぶされた人びと、排除された者、追放された者、地下生活を強いられた者たちのことである。

ユートピアはその意味でノマドなのである。それは家をもたない者、国をもたない者に語りかける。

そしてまた、ユートピアは、抵抗や欲望の表明が求められる地点に、その地点がみずからのユートピアを求めるたびごとに移動するところからしても、ノマドなのである。

私がここで表明しているユートピアの原理、中心、議論といったものは「歓待性」という名をもっている。

われわれの生きている世界は、歓待性——人間、動物、植物、大地に対する歓待性、そしてまたさまざまな感情や欲望、愛に対する歓待性——を実践することができないために消耗し、衰弱しつつある。歓待性とは他者にむかっての歩み、絶えずみずからを開いて他者を受容するということである。（中略）

ユートピアは未来に位置しているのではない。ユートピアは昨日にもありえたし今日にもありうるのである。それは永遠の時をもつものではなく、「時ならぬもの」なのだ。

ユートピアに流れる時間は「歴史」の時間ではない。そうではなくて、それは、歴史を横断する「生成変化」の時間、奥深い現実の生の変化の相に流れる時間なのである。》（杉村昌昭訳）

水平に流れる歴史的な時間はクロノスといい、歴史を横断する奥深い生の時間はカイロスという。理念でも、空想でもなく、この世にユートピアを実現するとは、この地上にユートピア的に住まうこと、滞在することと言い換えられる。けれども、その土地が人々を快く迎え入れるもの、歓待性にあふれたものでなければ、住まうこと、滞在することに何の意味があるだろう。希望があるだろう。

人間存在の破壊されえないことの顕現。（エリアーデ）

青年よ、祈りを忘れてはいけない。祈りをあげるために、それが誠実なものでありさえすれば、新しい感情がひらめき、その感情にはこれまで知らなかった新しい思想が含まれていて、それが新たにまた激励してくれるだろう。（ドストエフスキー『カラマーゾフの兄弟』）

Rejoice!（喜びを抱きかかえよ！）ただひとつの今の中に、魂の日は生じる。（エックハルト）

もしもユートピアが過去のものになったとすれば、それはその歓待性を失ったことによって死んだのである。しかし、未来のユートピアは、共同性、共働性をさらに一歩前進させ、より深めた歓待性によって生成する。それを迎え入れる人、迎え入れられる人が共に喜び合うのが、祝祭である。

そんなものは、腹の足しにもならない。明日の千円より今日の一円と、現実を一ミリも出たくない人間は、そうするがよかろう。既得権にあぐらをかいて、目の前の私利私欲と実益にしか興味のない我利我利亡者、水平的人間は、所詮私たちとは縁なき輩なのである。

5　新しき人よ、いでよ

前述の見田宗介も言うように、人間は幻想なしに、存在を乗り越えたイメージを抱き、これを媒介として現実を変革してゆくことができるのである。彼の有する望ましい未来のイメージが、過去にも将来にも地上にもまた天上にも、どのような実在性の幻想をもたず、ただ実践によって実現することの可能な一つの可能性として、ただし目下は純粋な虚構にすぎない非現実として明晰に自覚されつつ構想されるとき、このような自覚的虚構は、あくまでも明晰でありつつ存在を根底から変革する力をもちうるのだ。

それは調和的でも、ものわかりよくもない。「悲の器」である人間が、危機と絶望、虚無と奈落に直面してあげる叫び声だ。世界の壁に頭をぶつけた者が、死物狂いでこじ開けた突破口だ。

実篤は『理想的社会』の「緒」で、「現在の社会に満足できないとすれば、どう云う社会を我々は望むべきであるか、そしてその我々が望む社会に生活するにはどう云う方法をとったらいいか、それを自分はここで考えられるだけ考えて見たい」と、既成の社会を変革する意志を明確にしている。

その天性の向日性、ずぶとく楽天的な性格は、凡人の及ぶところでなく、私は自分の小ささを思い知らされることがしばしばだけれど、若き日、白樺派の闘将だった実篤は、舌鋒するどく旧弊な人間を弾劾した。

けれども、文壇で大家として認められるにつれ、調和を重んじるようになり、新しき村も変革の意志を薄めていったように思える。決定的だったのは、皮肉なことに、村が自活を達成して、当面の目標を失ってしまったときではないだろうか。実篤没後、村が自力で美術館、図書館、生活文化館を完成したことはその仕上げで、以後、村民はそれに安住してしまった。

バブルの崩壊、少子高齢化など、外部的な事情に襲われたことも大きいが、村の内部がすでにそれに立ち向かうだけの精神と力を失っていたのである。共同体特有の閉鎖体質、村民の事なかれ主義がそれに追い打ちをかけた。

はじめの方で述べたけれど、私たちが「日々新しき村の会」を結成し、機関誌名を《日々新》としたのも、「新しき村」がすこしも新しくないのに満足できなかったからだ。そのことに早くから気づいて、在村中からもっともラディカルな変革を唱えていたのがヒビヤ兄だった。当時ヒビヤ兄が《新しき村》に寄稿した文章から、いくつか抜萃する。

《新しき村という理想的社会は、水平と垂直という本来次元を異にする問題を同時に解決するものだと言えよう。これは人間の実存構造に対応する実にラディカルな理想であり、おそらくこれ以上の社会的理想を考えることはできないと思われる。（中略）

若き実篤は「理想的社会」の実現を望んだ。単に望んだだけはでなく、実際に「新しき村」としてその実現の第一歩を踏み出した。これは誰にでもできることではない。若きマルクスも言うように、世界を様々に解釈する哲学者の仕事もさること乍ら、重要なことはやはり世界の変革なのだ。実篤は間違いなくその一歩を踏み出した。しかしそれが真に「新しき一歩」となるためには、更にラディカルなヴィジョン（祝祭共働体）が必要になるだろう。真の実篤はラディカルな実篤だと私は確信している。》（「ラディカル実篤」）

《生き方の問題として伝統的なものに安住することは決して悪いことではなく、私はそれを一概に否定するつもりはない。しかし少なくとも「新しき村の精神」に共鳴する者の生き方だとは言えないのではないか。新しき村における生き方は常に「新しきもの」を生み出していくものだ。不断の型破り――ここにこそ「新しき村の生活」の神髄があると私は思っている。》（「実篤のディコンストラクション」）

《今の村は全体として見れば「善人の村」であり、その意味では実に貴重な場所だと思っている。ただ、誤解を恐れずに敢えて言えば、「善人の村」だけでは「新しき村」にはならない、と私は考えている。「自然のアルカディア」に対する「超自然のユートピア」——しかし、これは空想ということではない。不自然でも反自然でもないという意味での超自然とは、「人間的自然」ということだ。それは自然を人間的（人工的）にディコンストラクション（解体—再構築）することであり、自然の芸術化だと言えるだろう。

超自然＝自然の芸術化は世界を劇場と化す。……ポスト・モダンの帰農はそうした「劇場としての世界」を構築していく基礎となるに違いない。

ユートピアの「場」とは、言わば「絶対無の場」であり、具体的にはアルカディアを真に実現させる「存在の力」なのだ。実体のアルカディアと関連態のユートピア——その両者の逆対応に「ポスト・モダンの帰農」への扉を開く鍵がある。》（「ポスト・モダンの帰農」）

十五年も前にこれだけのことが書かれていて、以後、時計の針は止まったまま、事態は一ミリも動かずに今日を迎えたのである。私たちが、単なる目先の改善ではなくて、根本的な改革が必要だと訴えてきた理由はわかってもらえよう。ヒビヤ兄の言葉で言えば、水平の精神ではなくて、垂直の精神の必要性である。人はパンのみにて生くるにあらず。われわれが生存するために目の前の生活は最重要だが、それだけでは動物の生と変わらない。

私たちの究極的な関心は、水平にながれる時間（クロノス）を垂直に切り裂く理想として育まれる。もう一度繰り返すが、こうした究極的関心を抱く単独者の連帯の場、それが新生・新しき村だ。

わずかだが、いま時計の針は進み始めた。老い先短い私だが、ヒビヤ兄は私より二十歳近く若い。今後なお茨の道が続くとしても生涯、新生・新しき村実現のために努力すると力強く語ってくれている。

ヒビヤ兄に続く、若くて、「新しき人」よ、いでよ！　イギリスの詩人、ウィリアム・ブレイクの詩の一節に、こうある。大江健三郎氏の『新しい人よ眼ざめよ』から引かせていただく。

Rouse up, O, Young Men of the New Age! Set your foreheads against the ignorant Hirelinngs!
眼ざめよ、おお、新時代の若者らよ！　無知なる傭兵どもらに対して、きみらの額をつきあわせよ！

新生・新しき村は、新しき村の関係者だけのものではない。新世紀に生きる人たちの希望の砦だ。実験場だ。私たちはその建設に全力を尽くす。おしまいに、前著の最後で紹介した実篤師の言葉を、もう一度掲げさせてもらおう。

遠大な志をもち
思慮ぶかくして
鐵の如き意志を有し
しかも快活にして朗かな心をもつ
新しく生れた種族よ
自分は君達のくるのを待っていた
祝福をおくる

巻末対話

新生・新しき村の独自性と現代性

日比野英次×前田速夫

新生会の頃

前田　日比野さんが村内会員として新しき村に入村したのは二〇〇二年の八月だから、もう二十年前ですね。まず、その動機からお聞きします。

日比野　私は紆余曲折の末に大学で宗教哲学を学びました。研究テーマは宗教の世俗化で、マックス・ヴェーバーの言う「魔術の園」から解放された現代人の運命に注目しました。端的に言えば、科学技術の発展に伴う生活の近代化の光と影です。近代化によって迷信や理不尽なことがなくなっていくのは喜ばしいことですが、その一方で人間にとって大切な何かまで失われてしまい、現代人は（私自身も含めて）ニヒリズムに陥っているように思えたのです。

前田　近代化によって失われたものとは何ですか。

日比野　聖なるものです。そして、そのリアリティを実感する垂直の次元です。近代化＝世俗化された社会に生きる現代人のニヒリズム——私はそれをティリッヒの「失われた次元」という論文から学び、その問題意識をさらにラディカルに深化させたアルタイザーの「神の死の神学」に関心を持ったのです。

前田　そうした関心が、どのようにして新しき村に繋がるのでしょうか。

日比野　私は聖なるものが回復された社会を求めたのです。しかし、その回復が近代化以前の伝統的な社会（古き村）への逆戻りであっては意味を成しません。近代化によって死に至った神（殺された神）は死ぬべくして死んだのです。問題は世俗化された社会において前向きに求められる聖なるもの、そしてそれを核とする現代人が本当に人間らしく生きられる社会の実現に他なりません。私はその可能性を、これまた紆余曲折の末に新しき村に見出したのです。

前田　ところが村に入ってみると、想像していたのとは違った。

日比野　ええ。まだ、二代目の理事長の渡辺貫二さんが健在で、村内の会員も二十名近くいましたが、なんだか活気に乏しくて、私に言わせると、もう形骸化が始まっていました。尤も、そのことは入村前から重々承知していたのですが、若い人の入村もあり、何とか頑張れば改革は決して不可能ではないと思っていました。

前田　それで村内に土曜会を組織して、改革に乗り出したんですね。

日比野　はじめは十人くらい集まってくれたんですが、だんだん減ってきてしまって。それでも毎週土曜日が待ち遠しくて、そこで新しい人と出会えることが励みでした。

前田　私は、前著を書くのですいぶん村に通って、現状を調べました。正直、もう手遅れかもしれないと思いましたよ。でも、百年の歴史のある新しき村を顕彰し、その意義を知ってもらうのが主旨の本でしたから、そうした方面は控えめにしか触れられなかった。で、副題を「〈愚者の園〉の真実」としたら、俺たちのことを愚者呼ばわりしていると、たちまち禁書扱いにされてしまって（笑）。

日比野　前書きで、わざわざこれは反語の意味である、武者小路実篤の『お目出たき人』や『世間知らず』にならった、と断ってあるのに。

前田　私は新しき村の現状をどう書くかで悩んでいるとき、当時機関誌《新しき村》のバックナンバーで、日比野さんが発表した「ラディカル実篤」や「ポスト・モダンの帰農」に出遭って感銘を受け、そうか村にはこういう人がいたんだと励まされ、これは何とかしなくてはいけないと強く思いました。

日比野　そんなふうに言ってくださるのは、今や前田さんだけです。けれど、振り返ってみると、入村直後に村の雑誌に何か書いてくれと頼まれて最初に発表した「新しき村の実現について」という拙文は評判が良く、村のある長老などはわざわざ私が作業している所にまで足を運んできて、「よくぞ書いてくれた！」と励ましてくれました。その後に書いたものも総じて肯定的に受け止められ、何人かの村外会員からもそれなりの反応がありました。手前味噌な言い方になりますが、それまで曖昧であった「新しき村の理想」のヴィジョンを少しははっきりさせることができたという手応えを得ました。実際、「やっと村を変えてくれる男が現れた！」と言ってくれた人もいました。

前田　それでも結局、村を変えることができなかった。

日比野　ひとえに私の力不足です。村の雑誌のほかに、担当者が離村して休眠状態にあった村のホームページを再開して、「新しき村からの声」として私の考えを発信してもいました。私以外に「新しき村の声」を発信する人がいなかったので、結果的に「日比野は村のホームページを私物化している」という非難もありましたが、ネット上の私の声に応答してくれる人も出てきたのです。なかには村を訪ねて、土曜会に参加してくれる人もいました。あの当時を振り返ると、私には村を変革する自信のようなものが確かに芽生え始めていたような気がします。

毛呂山イデオロギー

前田　土曜会が村内・村外有志の勉強会だったのに対して、二〇〇五年に日比野さんが立ち上げた「新生会」は、具体的に改革を進めるための、よりステップアップしたものでした。コミュニティ・センターの設立などが、もう提案されている。

日比野　当然のことながら、私一人では「新生会」を立ち上げることなどできませんでした。土曜会などを通じて徐々に共鳴者が増え、何となく改革の機運が高まってきたのですが、理想ばかり語りがちな私とは違って、マーケティングなどの実務的な能力のある協力者との出会いがやはり大きかったと思います。そうした仲間たちと一緒にログハウスの展示場を見学に行ったり、当時のJ理事長を始めとする東京支部の方々に「新生会」の趣旨を説明するために木曜会に行ったりしたことなどが懐かしく思い出されます。あの頃は本当に楽しかった。私たちとしてもそれなりに根回しをしたつもりでしたが、残念ながら肝腎の村内主流派の理解が得られませんでした。

前田　なぜだと思いますか。

日比野　村内に共鳴者が皆無だったわけではないのです。しかし、若い頃に入村してそれから何十年も村で地道に暮らしてきた幹部の人たちにはそれなりの自負があり、黙々と農作業に汗を流すことこそ「新しき村の生活」だという固定観念に囚われていたように思われます。私はこの固定観念を「毛呂山イデオロギー」と呼んでいますが、結局、村内の主流にとって新しき村はあくまでも農業生産共同体に他ならないのであって、「新生会」が主張するような理想社会を実現するための運動体など論外だったのでしょう。この点、よく誤解されるのですが、私は日々真面目に農作業に勤しむ村人を否定するつもりはないのです。むしろ、底なしの善人である村人は皆愛すべき存在であり、その生活は尊いものだと思っています。しかし、新しき村の本来の生活はそうした「毛呂山イデオロギー」に尽きるものではない。それもまた厳然たる事実です。おそらく、村外会員の多くも未だ「毛呂山イデオロギー」に囚われており、理想実現の運動体としての村を求める者は誠実な農民生活に対する不当な批判者でしかないでしょう。私個人にしても、村の農業の仕事もろくに出来ないくせに夢みたいなことばかり言っている不逞の輩としか見做されていません。「毛呂山イデオロギー」こそ、「新生会」に理解が得られなかった最大の原因です。その後も何とか活路を見出そうとしたのですが、「毛呂山イデオロギー」の壁を崩すことはできませんでした。

前田　離村は、二〇〇六年の暮れ。でも、村を離れてからも、村内会員当時から開設していたブログを「新・ユートピア数歩手前からの便り」(https://ameblo.jp/atarashikimura) と改めて、いまも取り組みを継続している。通算、一四〇〇回になるんですね。

日比野　私はいま村外会員ですが、新しき村の精神からいって、村内・村外の会員は、同等の資格があると思っています。むしろ、現実には村内会員を特別な存在とする先入観は未だ根強いものの、「村内が主で、村外は従」とする奴隷根性は一刻も早く棄て去らねばなりません。振り返ってみれば、「新生会」の主張に共鳴する村外会員が少なからずいたにもかかわらず、最終的にその実を結ぶことができなかったのは、「村内が反対するなら駄目だ」という村外会員の奴隷根性によるものだと言えます。もちろん、組織である以上、何らかの前衛は必要かもしれませんが、「村内主導」といったトップダウンの古き体制は明らかに新しき村には相応しくありません。もとより新生・新しき村の同志であることにおいて村内も村外もありませんが、今後の村はむしろ村外会員が中心となってつくっていくべきでしょう。先に述べたように、村外会員の多くは未だ「毛呂山イデオロギー」に囚われているのが現実ですが、「毛呂山イデオロギー」の壁を崩す可能性は村外会員にしかないからです。

「日々新しき村の会」の活動

前田　それで、前著が出たあと、私は日比野さんにも加わってもらって、「日々新しき村の会」を新たに組織して、村を再生するための運動を始めたのでしたが、これにも村内側は非協力で、とうとう挫折寸前まで来てしまった。

日比野　でも、「日々新しき村の会」は「新生会」と違って、会員は三百名と段違いに多いし、資金面その他、実行力があります。それゆえ、「新生会」ではできなかったことが、今度こそできるという期待の念を強くしています。しかし今のところ、残念ながら「新生会」と同じ轍を踏んでいるような感じも否めません。

前田　ご存じのように、そっぽを向かれ放し、何度投げ出そうと思ったかしれませんよ。土壇場で公益財団法人にすることが出来ると聞いて、いまが正念場と思い直しました。

日比野　公益財団法人化は、たしかに望ましいことです。でも、それは受け皿ができるということで、問題はその先です。

前田　おっしゃる通り。旧態依然のまま、それによりかかって当座をしのぐだけでは意味がない。新しい皮袋に、どのような美酒を盛るかです。

日比野　私が危惧しているのも正にそのことです。新しき村のヴィジョンという美酒についての議論が一切ない。多額の寄付金を広く募ることができるような体制の確立も大事でしょうが、それは所詮古い皮袋の修繕にすぎない。重要なことはあくまでも、新しい皮袋に盛る美酒です。それには、新生・新しき村のヴィジョンをどう構想するか、それを実現するための具体的なプロセスをどう進めていくか、皆で徹底討論しなくてはなりません。

前田　この大事なときに、私は公益財団法人化を村内と相談しながら進める邪魔になってはいけないと、いったん身を引きましたが、その後は手続き上の形式的なことばかりで、そうした肝腎のことが熱心に詰められている様子がありません。それが心配で、あえてこの時期にこの本を出すことにしました。共同性とは何か。二十一世紀にふさわしい共同体はどうあるべきか。その一つのモデルとしての新生・新しき村が目指すべき姿。つまり、福祉・教育・芸術を三本柱にした公益財団法人として、今後新たに加わってくれる人たちと、どのような魅力的な村にしていくのか。たとえばコミュニティ・センターやレスト・ハウス、実篤湯、老人ホーム、託児所など、公益性があって収益も見込める施設の建設はもとより、新しき村だからこそできる文化活動などなど、むろん、ここに書いたことはあくまでも私個人の粗案で、これを叩き台にして、より優れたもの磨きあげてほしい。

日比野　私は、いまこの時期に、活動を自粛することに疑問でした。でも、私たちの主張をそのまま押し通そうとすれば、せっかく歩み寄ってきた村内とまた衝突してしまう。前田さんの苦渋の判断だったと、いまは理解しています。

前田　だから、ただ見守っているばかりではいけない、むしろこういう今だからこそ、外部の一般の人たちに向けて、私たちの考えていることの正否を問わなくてはと思ったのです。そして、また一から出発するにあたっては、なにより若い人たちに、これは面白そうだ。ひとつ自分の力を試してみようと思ってもらえるものを打ち出さなくてはと考えたのです。もちろん、これからも試行錯誤の連続でしょう。でも、あとは実践あるのみ。実際の活動のなかで、さまざま修正を加え、鍛え直していく。

日比野　全く同感です。前田さんの前著『「新しき村」の百年』が主に「新しき村とは何か」という問いで構成されているとすれば、今度の本は「新しき村と如何に関係するか」という問いに貫かれていると言えます。キルケゴールによれば、「何か」という問い（Was-Frage）と「如何に」という問い（Wie-Frage）は質的に断絶していますが、新しき村の運動への実存的飛躍、さらに言えばそれを可能にする主体的な情熱こそが喫緊の課題でしょう。

前田　本書の意義は正にそこにある、と私も考えています。

垂直の精神と祝祭共働態

日比野　それには、まず新生・新しき村の独自性と現代性をどうアピールするかが、大事ですね。

前田　日比野さんの言う、垂直の精神と祝祭共働態。けれども、これをどうわかりやすく説明して、皆になるほどと思ってもらえるか。哲学的、神学的な考察としてなら、いくらでも書けるはずだけれども、一般にはチンプンカンプン。まして、村の人は反撥するだけでしょう。これをしっかり腹におさめてもらうのは容易ではない。

日比野　私もそれに苦労しています。先日も「新生会」当時の仲間から「お前は一体誰に向けて書いているのか。こんな表現では誰にも理解されないだろう」と叱られたばかりです。自分では常に理路整然と、一点の論理の飛躍もない表現をしているつもりなのですが。

前田　その点、武者小路実篤や宮澤賢治は、やはり天才だったなと思いますね。あれだけ平易な言葉でもって、すぐに人の心に響くように、語っている。それを実行するとなると、大変ですが。

日比野　「君は君　我は我なり　されど仲良き」が、そうですね。この新しき村の精神が、すっと実行できるなら、いいのだけれど。

前田　論語の「和して同ぜず」ですね。実篤は、おそらく孔子のこの言葉が頭にあったのでしょうね。それを、ぱっと閃いて、自分の言葉にしてしまうところがすごい。

日比野　私は宗教哲学が元にあるせいか、どうしても西欧の神学や哲学とくらべてしまう。

前田　ティリッヒ、ブルトマン、アルタイザー……。おかげで、私もだいぶ勉強しました。日比野さんは、思考を思耕と書きますね。耕すというところが、素晴らしい。安藤昌益の「直耕」の精神に通じます。

日比野　私はキリスト者ではないので、無神論者としてどう神に近づくか、垂直の精神をどう取り込めるかが課題だと思っています。ニヒリズムを、どう克服するかですね。

前田　実篤は、その点に関して言うと、生来向日性だったせいでしょうか、「天命」としか言っていないのが、物足りない。そこへいくと、シモーヌ・ヴェイユやアーレントは、やはり突き詰めて考えている。私は「神の前で、神と共に、神なしで生きる」というボッヘンファーの言葉にも、しびれました。今度の本に引用してあります。

日比野　祝祭共働態も、説明するのが骨です。

前田　リオのカーニヴァルや日本のお祭りに近いのかもしれないけれど、あれはハレの日のものだから、ちょっと違う。恒常的に祝祭であるものと考えて、私は歓待性の概念に思い当りました。

日比野　それは前田さんが、民俗学や文化人類学に関心があったからです。

前田　日比野さんは、宗教哲学やポストモダンの思想から新しき村にアプローチする。私は文学や民俗学から、新しき村にアプローチする。登り口は違っていても、頂上では一緒になります。私は、いま別の本で、『白の精神』と『場所は記憶する　私たちはどこに居て、どこへ往くのか』というのを書いています。私たちはいま一億総記憶喪失状態にあるけれど、精神の空洞化に抗するために、思考停止の状態から脱出するために、白の精神――これは日比野さんの言う垂直の精神と重なります――に思いを馳せ、私たちが祖先から受け継いできた記憶を取り戻さなければいけない。記憶の貯蔵庫、それが場所です。後者では、おもに近代、現代の文学作品を扱いながら、そのことを述べていますが、新しき村も、それとは違った意味で場所が大切になる。どういう場所なのか、ですね。

日比野　私はその場所を、アーレントのいう私的領域と公共領域のはざま、というふうに見ています。ギリシア時代で言えば、オイコス（私的領域）とポリス（公的領域）のはざまですね。どちらにも属するが、どちらにも属さない。それが大切なのだと思います。だから、私は共同体は、必ずしも、がちっと目に見えるものでなくてはならないとも考えません。皆が自発的に集まれる、そういう居場所が大事なのです。

永遠なる未完

前田　話は変わるけど、日比野さんがいま世界共通語のエスペラントを勉強しているのはなぜですか。

日比野　エスペラントは誤解されることが多くて、これもなかなかわかってもらえないのですが、私自身、かつてエスペラントのことを詳しく調べることなしに「それぞれの民族語を全て廃して、全世界の人間が一つのエスペラントだけで会話するようになる」というような実に乱暴な理解をしていました。もちろん、これは致命的な誤解です。エスペラント運動はむしろ、英語に象徴される大国の言語帝国主義によって絶滅の危機にある少数民族の言語を救う運動と連動しているのです。私にとってエスペラントは「多元的宇宙」の理想の一環に他なりません。

前田　新しき村も、実篤が日向に開村した当時は、村でエスペラントの講習会をやっていたようですよ。宮澤賢治も熱心だったし。イーハトーヴォは岩手県を意味するエスペラント語です。

日比野　私はエスペラントの集まりで新しき村のことをエスペラント語で紹介したことがありますが、村人より良く理解してくれました（笑）。エスペラントを生み出したザメンホフのホマラニスモが新しき村の精神と通底していることは間違いないと思います。

前田　無事、公益財団法人化が認定されたとして、それからが大変だな。何から始めて、どこを強化していくか。一応ロードマップを作ってみたけれど、これを実行するには、人と資金はもとより、よほど強い信念が必要になる。私は日比野さんに新生・新しき村のコミュニティ・センターに入ってもらって、皆を直接リードし、若い人を育て、世界中に発信する中心になってほしいと本気で思っています。

日比野　その前に、入村規定の改定、綱領の作成もありますね。

前田　公益財団法人の認定を得るのに、理事会や評議員会などのメンバーの刷新、定款の見直しにまでは手をつけないようだけど、これも認定が得られたなら、すぐにも着手しないといけない。

日比野　やることだらけなのに、皆高齢なのがつらい（笑）。

前田　だからこその、日比野さんです。日比野さんのような若い人があと数人現れるまでは、私もがんばらなくては。

日比野　それにしても、「日々新しき村の会」とは、ぴったりの命名ですね。まさに、「日々新」です。

前田　村が正式認定されて、私たちとの一本化が成立すれば用はなくなるかもしれないけど。

日比野　用はなくなっても、その精神は永遠です。止まっていては何事も始まらないし、始めてからもそれで完成ということはない。ユートピアがディストピアに転落するとしたら、そこが完成と考えて立ち止まってしまった時です。

前田　旧新しき村ではないけれど、立ち止まってしまえば、そこが終着点で、あとは停滞か衰退しかない。その轍を踏まないようにしましょう。ユートピアとは、永遠に未完だからこそ、魅力がある。

日比野　若い人にたくさん来てもらえる村にしましょう。神保町の新村堂も、学生や勤め人が気楽に立ち寄れて、みなで文学談義や哲学談義のできる、開かれた場所にしないと。

前田　白樺叢書も出版したいな。日比野さんの『新・ユートピア数歩手前からの便り』は、その第一番手です。そうそう、ブログをまだ見ていない人がいたら、すぐにも読んでもらわなくては。

日比野　いままで旧村民とのあいだで、お互い苦労してきましたが、もう終わったことです。これからは、楽しいことだけ考えて、それを実現していくことに集中しましょう。

（二〇二一年五月十四日、東京新宿にて）

あとがき

二〇二二年三月二十五日、一般財団法人新しき村が、近く公益財団法人へと移行することが確定したのを機に、今後私たちが継承発展させることになる二十一世紀の新しき村像について書いてみた。といっても、ごらんのように全体のテーマは、現代において共生共助はいかにして可能かである。

躓（つまず）いてばかりで、本当にはまだ何も始まっていないのに大きなことを言うと、呆れる方がいるかもしれない。けれども、だからこそ、一人でも多くの未知の読者に、私たちの真意を届けたかったし、究極の理想を共有してもらうことで、支持支援の輪が広がればと願ったのである。

旧新しき村の村民側とのやりとりは、なるべくあっさり記したつもりだが、読者の皆さんを閉口させなかったかと恐れる。もっと賢明な人たちが穏やかにことを進めたなら、ここまでこじれなかっただろうという反省はある。他山の石としてもらえれば、幸いである。

武者小路実篤が唱えた新しき村の創立精神に則りながら、今後、未来の共同体にふさわしい姿に衣替えしていくには、その理念とヴィジョンをどう固めていくかが肝心と考えて、その方面に多くのページを割いたけれど、この目的を達成するには、必要な人員と資金をどう確保するかが第一関門であるのは、言うまでもない。まずは自分たちで出来ることからスタートするが、それが軌道に乗れば、次の段階として、村をより大きく育てていくための実行力をつけ、お互いの共生共助へとつなげていくことが課題になる。

未来の新しき村を構想するについては、仲間のヒビヤ兄（日比野英次氏）の〈思耕〉に教えられ、触発されることが多かった（氏のブログ名は「新・ユートピア数歩手前からの便り」、インターネットで公開中）。ヒビヤ兄との共著といってもいい（付四の「新生・新しき村綱領」は、兄が作成した）くらいで、それは巻末の対話からもおわかりいただけよう。プランナー、コーディネーター、企業経営者としての見地から、村の正常化への道筋を示してくれたカワグチ兄（山口道朗氏）、そして常に旧村民の気持に寄り添いながら、融和に努め、短気な私をたしなめてくれた弟にも感謝する。

前著を読んで新しき村の再生に協力したいと組織づくりや資金面のみならず、起死回生のプランを示して私たちの運動を強力に支えてくれたP弁護士（千賀修一氏）、村内側とのあいだに入って、常に沈着に穏やかに調停に臨んでくださったW会長（武者小路知行氏）と、古くからの村外会員で、心底新しき村を愛し、終始村内側とPさん、Wさん、私たちとのあいだを繋いでくれて、一度も考えのブレることのなかったウエノ兄（平野秀治氏）がいなければ、私たちは早晩空中分解していただろう。公益財団法人への移行が可能であることを教えてくださったD先生（出口正之国立民族学博物館名誉教授）も、新しき村の救世主である。

農業の専門家でも、地域おこしや共同体についての専門家でもない、まったくの平場の人間である私が、本書を著すにあたっては、多くの関連著書のお世話になった。大いなる勉強の機会を与えてくださった各著者とその版元に厚く御礼申し上げたい。一部、前著と重複する記述があるのは、未読の読者のためで、ご容赦願う。

日暮れて道遠し。高齢な私たちには、もう時間がない。とはいえ、これからは、いよいよ二十一世紀の新生・新しき村づくりが始まる。私たちに課せられた使命は重く、その困難と責任を思うと、逃げ出したくさえなりそうなほどだが、ひるむ気持を鼓舞し、退路を断つためにも、本書を公刊することにした。

公益財団法人に移行する以上、収益につながる公益目的の事業を興して、実績を示さなくてはならないわけだから、それは杞憂であってほしいし、こういう言い方は村を存続させるために多大な尽力をしてくださっているP弁護士、W会長に大変失礼になるが、私たちが後方に退いている間に、結果的にはどうも蚊帳の外に置かれてしまったようで、旧態依然とした村内側とのあいだで、妙な妥協がおこなわれて、真の改革がなされないまま、私たちの出番がなくなってしまう可能性だって、ないとはいえない。

聞くところでは、認定を得るための申請書類の提出先は、全国組織なので内閣府とすべきなのに、これまでと同じ埼玉県で、しかも新役員の選出過程が不透明で、前理事長のキラ兄はじめ旧村内側の人間が多数残り、県の指導で支部の名称を削除しているなど、納得できないことが多い。これはあくまでも暫定的な措置で、近い将来抜本的な改正が必要となることは言うまでもない。

村が存続するための受け皿ができることはもちろん望ましいことだけれど、はっきりしているのは、私たちを置き去りにしたまま目先の部分的な手直しのみで済まそうとするなら、私たちが協力する意味は全くないということだ。またそれとは逆に、これまで私たちの運動を非難し、妨害してきた人たちであっても、その間違いを根本から反省し、全面的に協力を表明するなら、迎え入れる心の広さ、大きさはある。それが他者と共生することであり、皆と新しい共同体をつくりあげていくということだ。

まさに正念場である。そして、いまは考えたくもないが、そう遠くない将来、非力な私たちの試みがたとえ失敗に終わることになるとしても、村の関係者のなかに、こうした思いを持って再建に立ち上がった仲間がいたことは、どういうかたちであれ、おおやけに記録として残し、記憶に留めておいてもらわなくてはならないし、仮に万策尽きて村が消滅する事態になったとしても、いつかこれを読んで、村を再興してくださるかたが現われることを強く願うものである。

百年前、武者小路実篤師が新しき村を創設したときには、スペイン風邪の上陸で、職を失った人、学問を断念した若い人が、全国各地から大勢集まって、村はその人たちと共に大きく育っていった。コロナ禍その他で失職した人、授業料が払えずに学問を諦めた学生、外国人労働者、非正規の仕事に就いて将来が不安な方々よ、来たれ。新しき村の精神に共鳴し、ここで自分を鍛えようという思いがある人なら、年齢は問わないし、村内会員であろうが、村外会員であろうが、あるいは通村会員であろうが賛助会員であろうが、自分に適した会員になってもらってかまわない。

私たちは、あなた方を必要としている。いつでも歓迎し、歓待したい。ヒビヤ兄と共に、コミュニティ・センターでの仕事を推進したいという人であれば、なお嬉しい。もしも、新生・新しき村発展のために、何らかの助力をしてくださる方がおられたら、ぜひ奥付に載せた私のメール・アドレス（新生・新しき村関係専用）まで、お名前、住所、連絡先を明記して、ご連絡を賜りたい。すぐに名簿に控え、しかるべき時が来たら、こちらから様子をお知らせする。

現在、日本は、世界は、未曾有の危機の入り口にある。私たちはそれを最小限に食い止めて、次の世代の人たちに手渡さなくてはと思っている。

二〇二二年六月三十日　　前田速夫

付一　新しき村の精神

一　全世界の人間が天命を全うし各個人の内にすむ自我を完全に生長させる事を理想とする。

一　その為に、自己を生かす為に他人の自我を害してはいけない。

一　その為に自己を正しく生かすようにする。自分の快楽、幸福、自由のために、他人の天命と正しき要求を害してはいけない。

一　全世界の人間が我等と同一の生活方法をとる事で、全世界の人間が同じく義務を果せ、自由を楽しみ正しく生きられ、天命（個性もふくむ）を全うする道を歩くよう心がける。

一　かくの如き生活をしようとするもの、かくの如き生活の可能を信じ、全世界の人が実行する事を祈るもの、又は切に望むもの、それは新しき村の会員である、我らの兄弟である。

一　されば我等は国と国との争い、階級と階級との争いをせずに、正しき生活にすべての人が入る事で、入ろうとする事で、それ等の人が本当に協力する事で、我等の欲する世界が来ることを信じ、又その為に骨折るものである。（武者小路実篤）

付二　実篤語録

天に星　地に花　人に愛

美愛真

山と山とが讃嘆しあうように　人間と人間とが讃嘆しあいたいものだ

俺達は杉の林　協力はするが独立する　俺達は人間　協力はするが独立する

君は君　我は我なり　されど仲良き

龍となれ雲自づと来たる

この道より我を生かす道なし　この道を歩く

汝の目的はまちがっていない　根気よきものの第一人者執着強きものの第一人者であれよ汝

人間の誠意が生きる処　人間の真価の通用する処　その他のものが通用しない処　それが新しき村である

のどかな空気　ほがらかな空気　今の世にそんなものを呼吸して生きているのはすまないね　だがつい呼吸するのどかな空気ほがらかな空気

愛と感謝でものを見る時には　この世には美しいものだらけだ

日々新　日々決心　日々真剣　日々勉強　日々生長

仲良き事は美しき哉

自然玄妙

共に咲く喜び
人見るもよし　人見ざるもよし　我は咲く也
神と云うものはないものかも知れないが　俺はこわい
決心せるものが村に五人いれば天下は動く　五人が五十人になり百人になる
もう一息　もうだめだ　それをもう一息　勝利は大変だ　だがもう一息
こんな歩き方でもいいのか　いいのだ　一歩でも一寸でも信じる道を　進め進め
いかなる時にも自分は思う　もう一歩　今が一番大事な時だ　もう一歩
本気さが足りないくせに　力がないなぞと云うのを恥じよう　それは人間と人類と自然とを侮辱しすぎている
勉強勉強勉強　勉強のみよく奇蹟を生む
ころんでも必ず起きる汝
疲れたら休み　元気になったら又働く　春の日
日常生活の内に火を　人間の心の内に火を　たえざる火を
君知るか　野菜の美　君知るか　根の美　美を知ることの何ぞ嬉しき
我は甘露の雨にうたれしことなく　甘露の泉に根をはりしことなし　されど我　その内より甘露をとりぬ
俺が生きている間は真理が饒舌（しゃべ）る　俺が死んだら　なお真理が饒舌る
我等は神の国を建設するための労働者　雇われた者　選ばれた者　托された者　そうだ　我等は神の国を建設するため自ら進んで雇われた労働者である
楽園は過去にはなかった　だが　未来にはある　人間がついに生みだすのだ
美に向って矢を射る男あり　百千萬ついには当たらずと言う事なし
桃栗三年　柿八年　達磨は九年　俺は一生
窓をしめるからうちはくらいのだ　窓をあけよ　天の光は入ってくる
人間萬歳
我は昂然と生きんことを欲す
小鳥よ　お前も嬉しいか　朝が来て
日くれて道遠し　新しき村の仕事は皆で元気に歩いて行きたい　個性を生かす仕事は　一人でとぼとぼと歩いて歩いて行きたい
目的をしっかりつかまへて　その方にじりじり進むもの萬歳
なるようになる　全力をつくせ
僕たちも人間　君達も人間　話せば心の通じる人間　人間同士によって人間らしく生きられないのは　あまりに意気地ない話ではないか
するだけのことはしました　あとはあなたにお任せします
大願成就

付三　新しき村略年譜

（既存の各種資料、年譜を参照して作成）

一九一八（大正七年）　七月、機関誌《新しき村》創刊。八月、『新しき村の生活』刊行。九月、武者小路実篤ら、日向へ向かう。十一月十四日、宮崎県児湯郡木城村大字石河内字城に、新しき村誕生。

一九一九　五月、母屋（集会所）完成。七月、周作人訪村。内紛が生じ、この月より、離村者相次ぐ。テニスコート出来る。十月より、《大阪毎日》に「友情」を連載。我孫子の実篤旧宅が売れ、村に四千円余入る。

一九二〇　三月、池袋郊外に曠野社創設。志賀直哉訪村。四月、隣の川南村萱根に「第二の新しき村」をつくる。五月、柳宗悦訪村。十二月、「新しき村の精神」を成文化。

一九二一　一月、母屋が焼ける。七月、《改造》で「或る男」の連載開始。

一九二二　二月、大水路の工事開始。五月、第二の村を引き揚げる。九月、「人間万歳」発表。長与善郎訪村。十月、有楽座で「新しき村のための会」（公演・演劇）が開かれる。

一九二三　二月、実篤、房子と別れ、飯河安子と結婚。六月、芸術社より最初の『武者小路実篤全集』（全十二巻）の刊行開始。九月一日、関東大震災。《白樺》廃刊。この月より、義務労働を一日八時間から六時間に短縮。

一九二四　十一月、《新しき村通信》を村から創刊。借用書代りの券「村のお札」を出す。

一九二五　三月、宮内省の要請で、実篤、分家して平民となる。村内有志で〈ゲーテ座〉旗揚げ。鹿児島を振り出しに九州を巡業。七月、村に印刷所が出来る。九月、日本初の文庫本シリーズ「村の本」を刊行開始。十二月、実篤、離村して村外会員となり、奈良に移る。

一九二六（昭和元年）　一月、「愛慾」を発表。十一月、曠野社争議。翌年解散。十二月、実篤、和歌山に転居。

一九二七　二月、実篤、東京小岩に移転。四月、西巣鴨に東京支部を設立、第一回「木曜会」を開く。《大調和》創刊。六月、第一回「新しき村展覧会」を新宿紀伊國屋で開催。十一月、改造社版の円本『武者小路実篤集』が大ヒット。

一九二八　一月、実篤、麴町区に転居。二月、有楽町に「新しき村の会場」をつくり、毎月のように展覧会、講演会、室内劇を開く。六月、懸案の大水路が開通。

一九二九　実篤、初の個人絵画展を日本橋丸善で開催。九月、新しき村演劇部第一回公演「出鱈目」を帝国ホテル演芸場で上演。この年、実篤の収入が悪化、村の経済は苦難に直面。十二月、神田猿楽町に美術店「日向堂」を開店。

一九三〇　四月、自家発電が成功し、電燈がつく。精米機運転。九月、村の印刷所休止。この前後、有力誌から執筆の依頼が絶え、失業時代。十二月、『二宮尊徳』刊行。
一九三一　この年、演劇部は「ダマスクスへ」「運命と碁をする男」「路上」「死の舞踏」を上演。「井原西鶴」連載。
一九三二　五月、「だるま」「愛慾」上演。九月、東京支部が《新しき村支部通信》創刊。
一九三三　三月、機関誌《新しき村》を東京支部より復刊。十月、『論語私感』刊行。十一月、赤坂三会堂で「新しき村十五周年祭」を開催。
一九三四　二月、実篤、吉祥寺に転居。九月、東京支部、「雑誌新しき村の為の会」「新しき村に肥料を送る会」をつくる。
一九三五　七月、『人類の意志に就て』刊行。
一九三六　四月、『トルストイ』刊行。同月、実篤、欧米旅行に出発。五月、上海で魯迅に会う。パリで、マチス、ルオー、ドラン、ピカソを訪問。ベルリンではオリンピックを見物。十二月、帰国。
一九三七　六月、実篤、三鷹村牟礼に転居。
一九三八　九月、県営ダム工事計画が発表され、村の土地の三分の一が水没することになる。十一月、『人生論』（岩波新書）を刊行。十二月、実篤、訪村、県当局と補償の交渉。調印。東京近郊に新たな土地を探す。村には杉山、高橋の二家族が残り、他は村を離れる。
一九三九　八月、埼玉県入間郡毛呂山町の丘陵地に東の新しき村の土地が決まる。九月十七日、開墾式。野井、川島の二家族のみが移る。
一九四〇　「土地の為の会」起る。四月、高橋離村し、日向の村は杉山夫妻のみとなる。
一九四一　機関誌《馬鈴薯》創刊。十二月八日、太平洋戦争はじまる。
一九四二　五月、実篤、日本文学報国会劇文学部長に就任。『大東亜戦争私感』刊行。八月、神田神保町に新村堂を開設。
一九四三　四月、中日文化協会大会日本側参加団に加わり、南京へ渡航。周作人に会う。
一九四四　川島、村を離れ、一時、野井一家族だけとなる。
一九四五　「若き日の思い出」を執筆。六月、実篤、秋田県稲住温泉に疎開。八月十五日、敗戦。九月、帰京。十月、「愚者の夢」脱稿。十二月、戦後初の新しき村講演会を開く。
一九四六　一月、「マッカーサー元帥に寄す」を寄稿。三月、『新日本の建設』刊行。貴族院勅選議員に選出。五月、東の村に実篤から寄付の乳牛・花子入る。七月、実篤、公職追放令G項に該当。八月、勅選議員を、十月、芸術院会員を辞任。
一九四七　一月、《向日葵》創刊。四月、東の村に電燈がつく。
一九四八　三月、新しき村が財団法人に組織がえ。『レムブラント』刊行。七月、志賀直哉、安倍能成、和辻哲郎、小泉信三らと《心》創刊。文壇・画壇四十三名の同人で生成会をつくる。十一月、共立講堂で三十周年祭を開催。東京支部で「村の為の会」発足。
一九四九　一月、「真理先生」を《心》に連載。四月、《新しき村》を再々刊。この年、東の村は主食の自給が出来、養鶏を始める。《新しき村通信》（月刊）、『東の村の記録』を刊行。
一九五〇　五月、実篤著作集刊行のため、新しき村会員で調和社を設立。六月、実篤は十二年ぶりに日向の村を訪問、杉山夫妻と再会。
一九五一　八月、公職追放解除。十一月、文化勲章受章。
一九五二　八月、第一回労働祭。
一九五三　一月、自家水道の設備が完成。『馬鹿一』刊行。十月、仙川に自邸のための千坪の土地を購入。十一月、三十五周年祭、「この道より……」の詩柱が建つ。
一九五四　五月、東京会館で古稀祝賀会。十一月、『武者小路実篤全集』全二十五巻（新潮社）の刊行開始。
一九五五　東京支部の木曜会の会場が新村堂に移る。実篤、仙川に転居。
一九五六　一月、実篤日本画展を新宿伊勢丹で開催。十二月、大愛堂建立、最初の納骨は川島伝吉。
一九五八　四十周年記念祭を九段会館で開催。この年、埼玉の村は自活を達成。
一九五九　毎月のように鶏舎の増築や養鶏のための設備が増える。七月、「愛と死」が日活で映画化。
一九六〇　四月、《新しき村》を《この道》に改題。
一九六三　四月、NHKの連続テレビ小説で「あかつき」放映。八月、日向新しき村が財団法人化。
一九六四　第一次一万羽養鶏計画を予定より一年早く実現。共同養鶏のモデルとなる。
一九六五　三月、東新鶏舎設備完成。
一九六六　四月、村外会員の家完成。「第二の丘」に土地広がる。この頃から、急激に東上線利用の都市化の波が押し寄せる。
一九六七　《新潮》で「一人の男」の連載がはじまる。インドに亡命中のダライ・ラマが、毛呂山病院に来院時、村に立ち寄る。
一九六八　四月、「仲よし幼稚園」開園。八月、木城町で記念碑二基除幕。十一月、文京公会堂で新しき村五十周年祭開催。『新しき村五十年』出版。
一九六九　一月、公会堂落成。「私の昭和史　新しき村50年」（東京12チャンネル放映）。十二月、作業場、食堂、増田荘控えの間全焼。
一九七〇　十二月、連載「一人の男」完結。
一九七一　五月、「武者小路実篤展　そのゆたかな流れ」

を東京都近代文学博物館で開催。六月、「愛と死」が松竹で映画化。十月二十一日、志賀直哉没。十一月、最後の小説「或る老画家」を《新潮》に寄稿。

一九七二　五月、米寿祝賀会。この年、椎茸つくりが本格化。

一九七四　渡辺兼次郎、窯を自製し、泰山窯と命名。第二の丘第四鶏舎完成。十一月、《この道》を創刊時の《新しき村》に改題。幼稚園関係者の希望で、習字、陶器、油絵の三教室を始める。

一九七五　七月、幼稚園にプールをつくる。実篤、この夏は健康がすぐれず。

一九七六　一月、自宅での例会に最後の出席。危篤の安子を入院先に見舞い、翌日脳卒中の発作を起こして病床につく。二月、安子死去。四月九日、入院先の慈恵医大第三病院で死去（九十歳）。二十四日、青山斎場で無宗派による葬儀。五月十六日、三月に納められた安子の遺骨と並べて、大愛堂に納骨。六月、《新しき村》は、武者小路実篤追悼号。八月、自宅ならびに愛蔵品は調布市に、近代美術品、文学資料は東京都に、一部は新しき村、三鷹市等に、それぞれ寄贈。十一月、松田省吾が日向の村へ移る。

一九七八　五月十二日、実篤邸を実篤公園として開園。

一九八〇　武者小路実篤記念・新しき村美術館開館。

一九八一　三月、東鶏舎の改築工事完了。ピアノ教室はじまる。十一月、創立記念祭は調布市東部公民館に集まることに決まる。十二月、「埼玉新しき村の会」誕生。日向の村の農業のために農業基金をおくる運動がはじまる。

一九八二　十一月、ＮＨＫ教育テレビで「あすの村づくり　理想郷を求めて　新しき村の歳月」放映。

一九八三　住宅の新改築が進む。

一九八四　三月、「仲よし幼稚園」が閉園。五月、生誕百年「武者小路実篤と白樺美術展」が池袋西武美術館で開催。

一九八五　「新しき村美術館」の巡回展を、一月、甲府、仙台、三月、松本、五月、宮崎で開催。九月、新しき村生活文化館（作業所、美術展、資料展などに使用）完成。十月二十九日、実篤公園に隣接して、調布市武者小路実篤記念館が開館。日向の村は稲作が実績をあげて注目される。

一九八七　若い人の入村が少なく、村内平均年齢四十歳を越え、村の老人対策として「老年対策基金」をつくる。五月、所沢西武百貨店で「新しき村美術館展」開催。九月、オックスフォード大のベン・ジョーンズ、村での一年間の生活を終え離村。以後、彼の後輩三名が村の生活をする。十一月、小学館版『武者小路実篤全集』全十八巻が発売開始。

一九八八　未曾有の卵価低迷が八月まで続く。十月、新理事長に渡辺貫二が選出される。

一九八九（平成元年）　十月二十五日、武者小路房子没（九十七歳）

一九九二　十二月現在、機関誌発行部数は一一〇〇、発送部数七〇〇、会費納入者五〇〇。

一九九三　養鶏は年間飼育羽数が半減、業界の生産過剰による低卵価のため必要収入が激減。村の生活費は繰り越し収入にたよる結果に。

一九九四　五月、新理事長に石川清明を選任。渡辺貫二、脳梗塞で半年入院。

一九九五　「新しき村の店」と名づけた売店がはじまる。

一九九七　三月はじめ、泰山窯の渡辺兼次郎が離村、茨木県笠間町に移る。村の自活と安定発展の基礎になった養鶏に代わる仕事がなく、前途多難。

一九九九　毛呂山町歴史民俗資料館で「東の村60年　武者小路実篤と新しき村」展開催。

二〇〇〇　四月、等価交換の形でビル建設進行中だった東京支部会場新村堂が再開。九月、放火により旧幼稚園園舎が全焼。

二〇〇一　五月十二日、日向新しき村で武者小路実篤旧居復元完成。オープニング参加ツアーに多数参加。

二〇〇二　二月十七日、日向石河内～川原文学ロード開通。二月、パン工房が閉店。

二〇〇三　三月、村内で「そば打ち教室」開催。八月、石川清明、韓国の「山上の村」に招かれ、講演。九月、新潟で「村外会員の集い」開催。

二〇〇四　無農薬にして三年目、田圃の一部にホタルが舞うようになる。六月、宮崎県立美術館で日向の村主催「武者小路実篤と新しき村展」開催。

二〇〇五　コメが売り切れず、在庫を抱えてしまい、値下げする。《新しき村》四月号は〈実篤記念館二十周年記念号〉。九月四日、日向の村は台風被害。十一月八日、渡辺貫二が死去、九十四歳。

二〇〇六　五月十二日、新しき村八十八年記念出版『新しき村詩集』発行。九月よりさいたま文学館で「武者小路実篤と新しき村　理想の旗のもとに」展開催。

二〇〇七　八月十五日、公益財団法人の問題で毛呂山町町長らと会合。

二〇〇八　養鶏は赤鶏に変えて以来、高品質の餌を与えて味の良い卵という評価が定着。二月十一日、木城町と毛呂山町とが友情都市の盟約をむすぶ。瀬下四郎、高橋ひさ子がそれぞれ町内の特養ホーム、グループホームに入所。十一月十五日、毛呂山町福祉会館で九十周年記念祭。

二〇〇九　養鶏は人手が減り、さらに縮小。七月、初めての本格的消火訓練。

二〇一〇　六月二十八日、太陽光発電開始。パネルの設置工事がはじまる。

二〇一一　三月十一日、東日本大震災。九月、村のお茶から基準値を超える放射能が検出され、出荷禁止。

二〇一二　バイパスが開通、看板と売店のための土地を購入。椎茸は栃木産の原木から規定値を超える放射能が検出され、東京電力から賠償を受ける。
二〇一三　三月、昨年五月から年末まで短期滞在をくりかえしていた京大生から、卒論「理想郷の生活者　新しき村に生きる」が届く。九月二一七日、一般財団法人への移行が認可。
二〇一四　二月、大雪で椎茸小屋二棟が半壊、一棟は全壊。国、県、市の補助を受けて再建。
二〇一五　養鶏は四月末で終了。
二〇一六　新理事長に寺島洋が選任される。
二〇一七　十一月、『「新しき村」の百年〈愚者の園〉の真実』、刊行。
二〇一八　一月、新村堂での新年会で、新しき村再生の運動を始めることを提案。四月、最終日曜を村訪問日とし、茶畑の草取りほかを開始。八月、「日々新しき村の会」が発足。九月、創立百周年記念祭を挙行。太陽光発電導入の過失が発覚。十一月、記念シンポジウム開催。
二〇一九（令和元年）　十月、銀座ヤマハホールで「日々新しき村の会主催」の新しき村一〇一周年記念コンサートを開催。十二月、評議員会・会員大会で質問状を提出。
二〇二〇　十一月、「新しき村を考える会」開催。
二〇二一　三月、理事会が不要地売却を決議。四月、「準備会」の席上で、理事長、理事夫妻が離村を表明。五月、公益財団法人への移行が可能と知らされる。
二〇二二　三月、理事会および評議員会・会員大会で公益財団法人への移行を全会一致で承認。

付四　新生・新しき村綱領
（ヒビヤ兄作成の原案を筆者が箇条書きに改めた）

一　新生・新しき村は、創立者武者小路実篤の「新しき村の精神」を受け継ぎ、二十一世紀に生きる私たちにふさわしいものに、深化・発展させる。
一　新しき村は自他共生・人類共生を実現するための社会運動だが（往相）、その本質は深く「聖なるもの」と切り結んでいる（還相）。すなわち、水平の次元における社会運動と、垂直の次元における宗教的運動の螺旋的結合にこそ、新しき村の独自性（世界史的意味）がある。
一　「新しき村の精神」の第一条「全世界の人間が天命を全うし各個人のうちにすむ自我を完全に生長させる事を理想とする」の「天命の全う」が垂直の次元、「自我の完全なる生長」が水平の次元である。「天命の全う」は断じて他律的なものであってはならず、その本質はあくまでも「自我の完全なる生長」の自律を生かす神律的なものである。
一　百年前に農村共同体として誕生した新しき村は、いまや「農村と都市との往還」を核とする祝祭共働態へと新生する時を迎えている。新生・新しき村は、「近代の超克」を目指すものの、アルカディア（古き良き村）とパラダイス（近代都市）の対立を止揚し、それぞれの危機的対立を垂直にきりさいて、ユートピア（どこにもない場所）という、実体としては存在しない、ラディカルで究極的な理想を目指す。

一　究極的な理想郷とは、内部と外部の区別を無化した、場所ではない場所、立場ではない立場、無・場所、無故郷を意味する。異郷こそ、私たちの新しきふるさとである。

一　私たちのめざす「新しき共生」は、断じて全体主義ではありえない。決して群れることのない単独者の連帯、自と他と公を併せ持つ「我である我々、我々である我」の「魂のふるさと」を創出する活動である。

一　組織としては「永遠の未完成これ完成」である。そうした新しき組織（組織として不断に自らを解体していく組織）が、祝祭共働態の本質である。新生・新しき村はその実現に全力を尽くす。

付五　新生・新しき村新規収益事業計画

一　無農薬高品質野菜、烏骨鶏卵、実篤カボチャ、竹加工品、オリジナルメンマ等、特産品の開発・製造・販売。

一　ミツバチの飼育・養蜂の導人、「オリジナル蜂蜜」の開発・販売。

一　ホタルの保護、繁殖を図り、ホタル祭りを開催。

一　蕎麦の栽培、「オリジナルの蕎麦」の開発・販売、そば打ち教室の開設。

一　農業体験、園芸指導。実験農場の開設。

一　市民農園、芸術村、アトリエ（工房）、レンタルハウス、レストハウス、実篤湯の開設。

一　有料老人ホーム、託児所、障がい者施設の開設。

一　出版、オンデマンド事業。

一　文化講座、絵画・陶芸・創作・エスペラント語教室、各種サマースクールの開催。教室及び宿泊施設の設置。

一　音楽祭・映画祭、演劇祭など、有料イヴェント事業実施。季節の新しき村祭り開催。

一　有望ヴェンチャー企業誘致。

一　ＩＴ関連事業の開発。

一　太陽光発電は縮小して継続。

付六　新生・新しき村創設基金趣意書(仮)

一　新生・新しき村は、右の新規収益事業が軌道に乗って、自立自活が達成されるまでのあいだ、その理想の実現に賛同する個人・団体・企業からの寄付を受け付けて、創設・運営のための基金とする。

一　個人は年間一口一万円、団体・企業は年間一口十万円

とする。寄付者は、自動的に賛助会員となる。会員特典については別途定める。

一　建設の急がれるコミュニティ・センターは、クラウドファウンディングも活用する。目標額は一億円。

一　村内・村外の会員からも、別途受け付ける。

一　基金は、公益般財団法人新しき村の理事会が、責任をもって管理・運用する。

付七　新生・新しき村案内

◇新しき村の現状（二〇二二年六月現在）

所在地　埼玉県入間郡毛呂山町葛貫四二三
電話・ＦＡＸ　〇四九（二九五）五三九八（事務所）

土地　十ヘクタール（登記済）、借地三ヘクタール

村内会員（長期滞在者を含む）　現在五名（近く大幅増員の予定）。

村外会員　現在は約百六十名。（私たち「日々新しき村の会」の会員を合わせると約五百名）。新たに通村会員、賛助会員を含め、新規募集の予定。

農業　水稲二ヘクタール余。半分が借地。茶、椎茸、野菜なども生産。共同出荷の他、平日は公会堂入り口にて販売を行う。農業収入は、年間約二千万円程度、ほかに太陽光発電による収入が約二百万円程度だった。

新規事業　今後はかつてのように自活を可能にするため、農業以外の新規収益事業を計画中。また、公益目的実現のため、現在の美術館以外に有料老人ホーム、託児所ほかの事業を計画・実施する。

資金　新規収益事業による自活を目指すが、当面は村外会員の会費（年間六千円）と賛助会員や日々新しき村の会からの寄付（年間一千万円）のほかに、新生・新しき村のための基金を創設して、各種企業や団体などからの寄付を受け付ける。コミュニティ・センター建設の費用は、クラウドファウンディングも活用予定。

活動　隔月刊の機関誌《新しき村》を発行し、ホームページも開設しているが、どちらも外部への発信を主とする内容に刷新する必要があり、現在テスト版を製作中。また、今後は新しき村出版部を復活させて、文学・芸術・思想・福祉や共同体の研究を中心とした白樺叢書の刊行を目指す。花の会、実篤誕生記念祭、労働祭、創立記念祭など、恒例の通年行事に加えて、実篤塾、農業体験、絵画・文芸教室、演劇祭、音楽祭、美術展、文化講演会、上映会などを定期的に開催の予定。

建物　公会堂兼食堂（五八〇㎡）美術館（二五〇㎡）

生活文化館（二〇〇㎡）小集会場　アトリエ（2）　茶室　椎茸圃場五棟　村外会員の家（宿泊施設）今後は村の頭脳であり、国内外への文化・情報発信基地でもあるコミュニティ・センターを開設することを最優先に、災害時の緊急避難施設、新村内会員のための住宅、有料老人ホーム、印刷所、新規収益事業施設、白樺塾・文芸教室・市民や地域との交流のための新集会場ほかを新設予定。

生活状況　村内会員の生活費・税金は新生・新しき村が保証。年収は現在一人平均二百万円程度。労働は一日六時間、週休二日制。

◇新しき村の会員

新しき村の会員には、村内会員と村外会員の二種がある。村内会員は、実際に村に住み、共同して働き、新しき村の精神を実行する。

村外会員は、当人の事情で、村内会員になれない者が、村外で生活しながら、自分の意志と力に応じて、新しき村の運動をリードし、事業の発展や建設に協力する者を言う。村内の会員を支援するのみならず、新生・新しき村の運営にも積極的に参加する。

村外から村に通って、村のために働く通村会員や、新しき村の精神に共鳴し、その維持発展のため、資金援助をする賛助会員も、私たちの仲間である。

会員、および村内の滞在者、訪問者には、機関誌《新しき村》が無料配布される。新しき村の出版物（実篤カレンダー、実篤記念館の出版物、白樺叢書）は割引。村内の施設（有料老人ホーム、託児所、アトリエ、窯場、集会場、宿泊施設等）も割引提供。

新しき村の運動は、二種の会員が役割を分担してきたことで、維持、発展して来たもので、今後も同様である。特に、新生・新しき村が日本的、世界的に大きく発展するためには、若い人を多く受け入れ、村内、村外の会員がどんどん増えていくことが大切で、そのために働くのが会員の大きな仕事である。

◇新しき村年間集会

一月　第三日曜、新年会

三月　第三日曜、評議員会・会員大会（決算報告）

四月　九日に近い日曜日、花の会（大愛堂に参列して故人を追悼）

五月　第二日曜、武者小路実篤誕生会（東京仙川）

八月　第二日曜を最終とする一週間、労働祭（村の仕事を手伝い、夜はキャンプ・ファイア）

九月　第三日曜、創立記念祭（公会堂の舞台で、記念講演や演劇を上演。野外では骨董市やバーベキュー）

十一月　第二日曜、創立記念祭（仙川）

十二月　第三日曜、評議員会・会員大会（次年度事業計画、予算決定）前夜は村の忘年会。

◇**新しき村への道**

訪問者歓迎　公会堂・美術館入口で受付

最寄駅　東武越生線武州長瀬駅・東毛呂駅（タクシーあり）、ＪＲ八高線毛呂駅（タクシーあり）

点線は武州長瀬駅からの道順（徒歩約二十分）

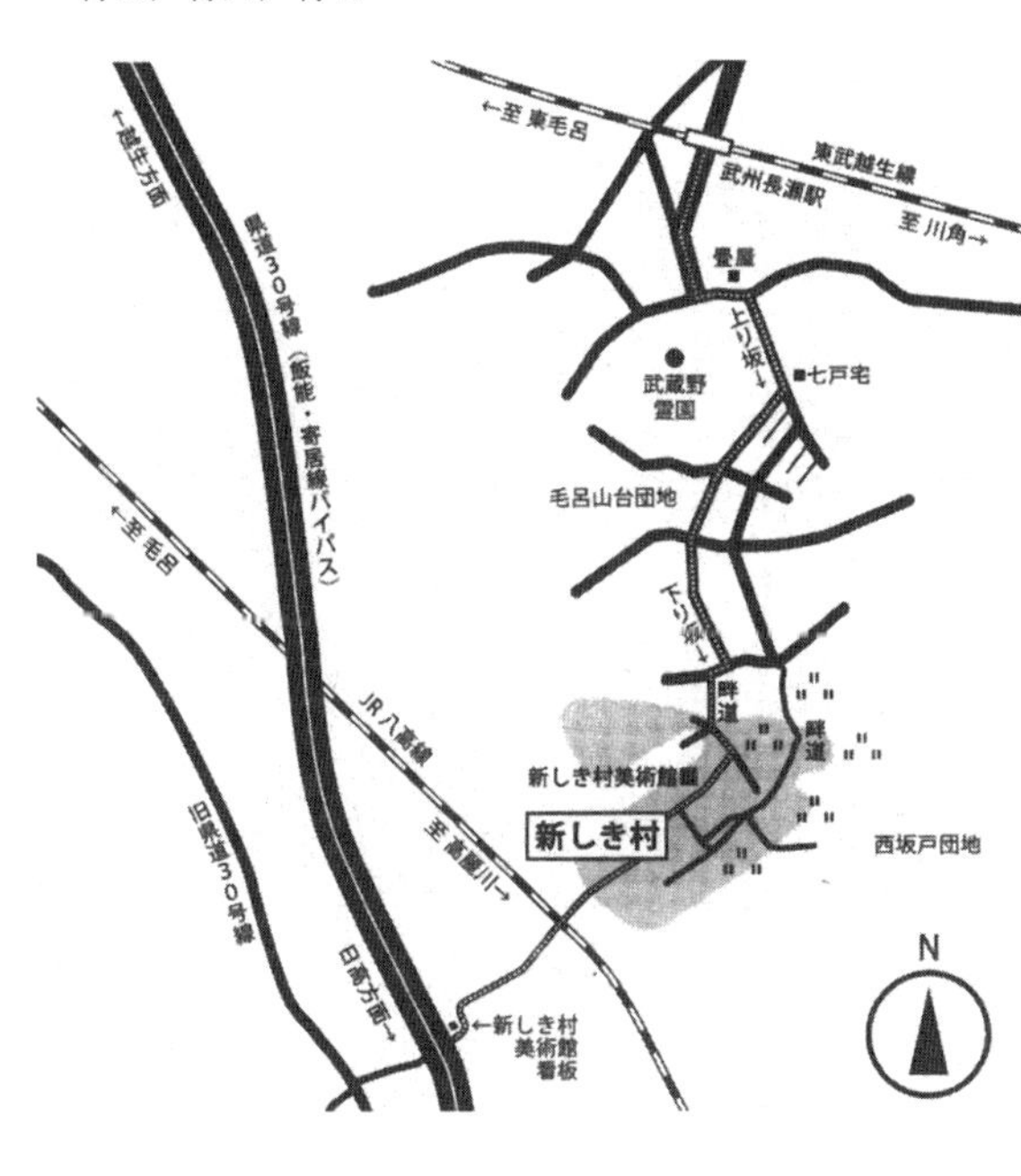

◇**実篤記念新しき村美術館・生活文化館**

村内にある実篤記念新しき村美術館は、実篤の画と書、原稿、手紙、著作のほかに、愛蔵の美術品（一休、良寛、宗達、光琳、仙厓、白隠等々）を展示。図書室もある。

開館時間　十時〜十七時

休館日　月曜日と年末年始（十二月二十六日〜一月四日）

入場料　大人二〇〇円　小・中・高校生一〇〇円

電話　〇四九（二九五）四〇八一

生活文化館は会員の画や書、陶芸などの美術品や村の生活・歴史を物語る写真や資料を展示している。年中無休、無料公開。

◇**新村堂**

東京都千代田区神田神保町二―一一―八〇一

電話　〇三（三二六一）四九一三

最寄駅　地下鉄三田線・新宿線・半蔵門線神保町駅下車、徒歩二分。ＪＲ水道橋駅・お茶の水駅下車、徒歩十五分。

◇**新しき村東京支部の例会**

月例会　一月を除く毎月第一日曜日　午後二時〜四時

木曜会　毎週木曜日午後七時〜九時

＊場所はいずれも新村堂。新しき村を知りたい方の訪問を歓迎。

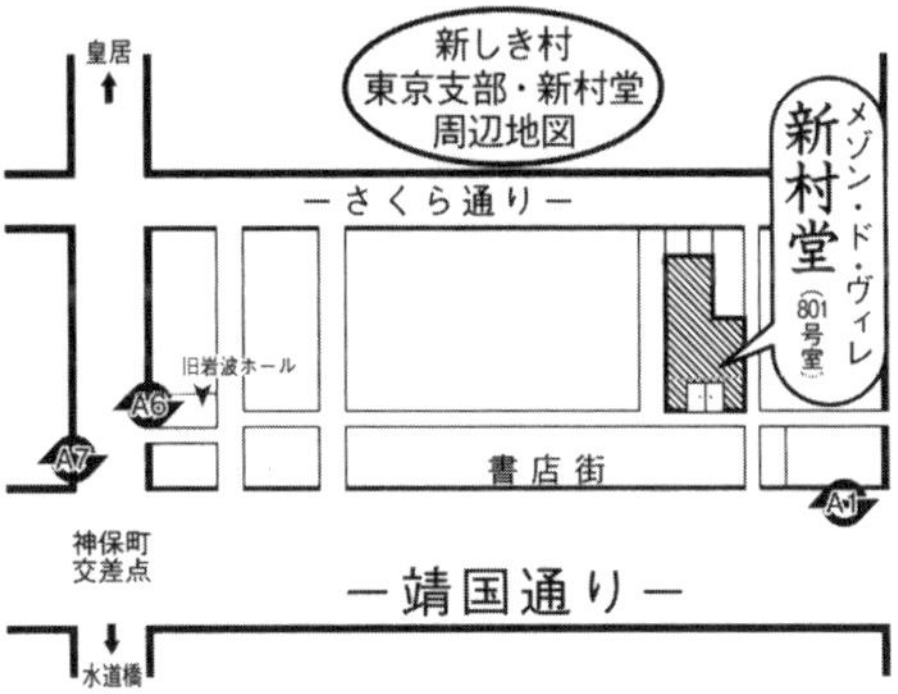

新しき村
東京支部・新村堂
周辺地図

メゾン・ド・ヴィレ
新村堂
（801号室）

皇居
さくら通り
旧岩波ホール
A6
A7
書店街
A1
神保町
交差点
靖国通り
水道橋

◇日向の新しき村について

新しき村の本部は埼玉の村にあるが、宮崎県日向が創設の地で、ここは日本の社会運動の歴史的な意義をもつ地であるばかりでなく、現在もそこに住む兄弟姉妹によって日向新しき村の建設が進められている。見学者、訪問者歓迎。

所在地　宮崎県児湯郡木城町大字石河内一三三三
　　　　電話　〇九八三（三九）一一三九
土地　五・五ヘクタール
村内生活者　二家族三名
農業　水稲一ヘクタール、畑二十アール、放豚
建物　ログハウスと住宅二棟、食堂。実篤復元旧居（絵画、資料、写真などを展示）

◇調布市武者小路実篤記念館・実篤公園案内

記念館は実篤の原稿や手紙、画や書、著作をはじめ、愛蔵の美術品や交友のあった人々の作品や資料を収蔵。さまざまなテーマで企画展を催し、図録も作成。閲覧室では調べものもできる。

隣接する実篤公園（旧武者小路邸）は、約五〇〇〇平方メートルの園内に、湧水を水源とした大小の池、サクラ、ツバキなどの花木、武蔵野の野草が花咲き、秋には紅葉が楽しめる。

所在地　東京都調布市若葉町一―八―三〇
　　　　電話〇三（三三二六）〇六四八
開館時間　九時～十七時（閲覧室は十時～十六時）
入場料　大人二〇〇円　小・中学生一〇〇円
旧邸内部公開　土・日曜日、祝日　十一時～十五時（雨天中止）
　　　　平日はベランダ越しに見学できる。
休館日　月曜日（祝日の場合は直後の平日）と十二月二十九日～一月三日
交通　京王線つつじヶ丘駅または仙川駅下車、徒歩十分
駐車場　乗用車五台

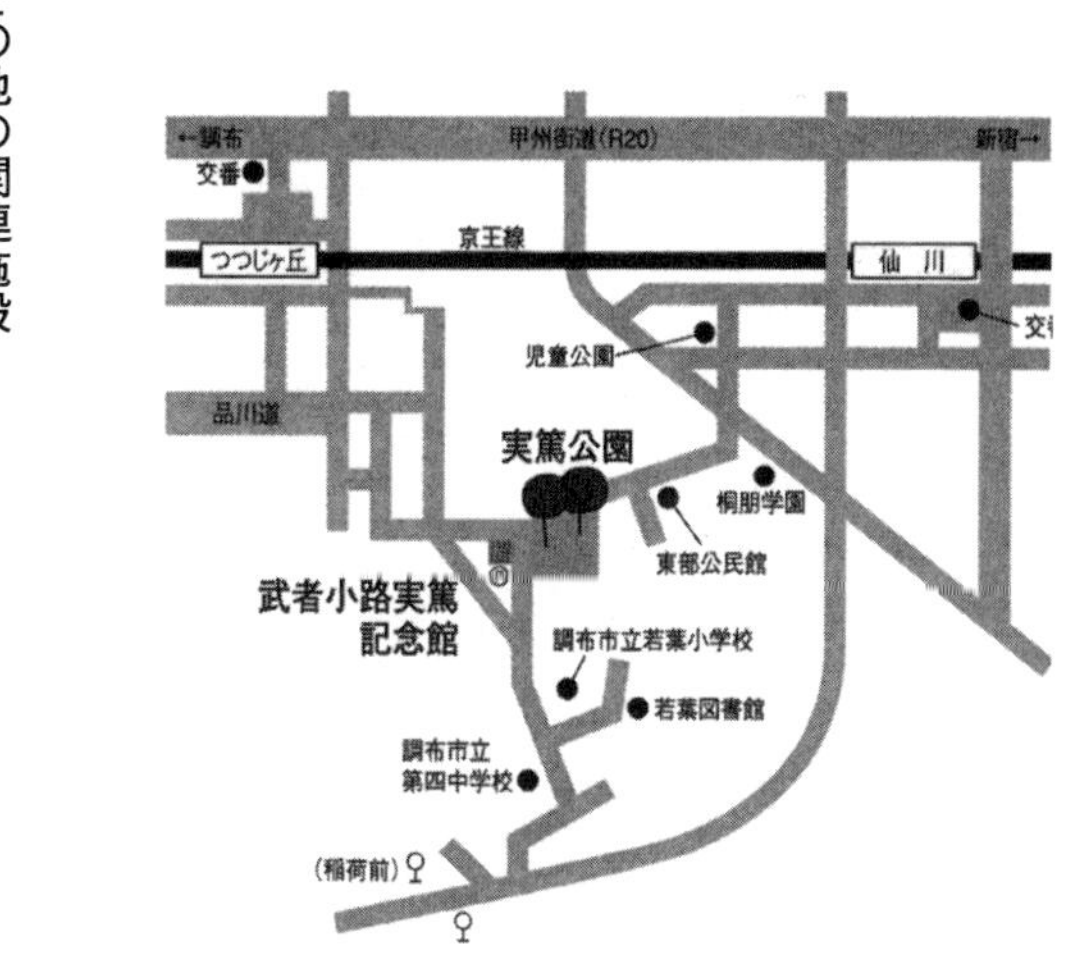

◇その他の関連施設

清春芸術村・白樺美術館

武者小路実篤や志賀直哉など白樺派の作家たちの夢を託された吉井長三（吉井画廊主）が、一九八三年谷口吉生の設計により完成させた。白樺派が愛したルオーの作品をはじめ、東山魁夷や梅原龍三郎、岸田劉生、バーナード・リーチ、中川一政、また白樺派関係の書簡や原稿、さらに雑誌「白樺」の創刊号から最終号まで、白樺派にまつわるあらゆるものを展示している。ほかに、ラ・リューシュ（シャガールやモジリアニを生んだアトリエ兼住居を復元）、光の美術館、ルオー礼拝堂、梅原龍三郎アトリエ、白樺図書室、清春陶芸工房、ミュージアム・ショップ、オーガニックレストラン・ラパレットがある。

所在地　山梨県北杜市長坂町中丸二〇七二
　電話〇五五一（三二）四八六五
開館時間　十時～十七時（入館は十六時三〇分まで）
休館日　月曜日（祝日の場合は翌平日休み）年末年始
入館料　一般一五〇〇円　高校生・大学生一〇〇〇円
　小・中学生　無料

我孫子市白樺文学館

所在地　千葉県我孫子市緑二―一一―八
　電話〇四（七一八五）二一九二
開館時間　九時三〇分～十六時三〇分
休館日　毎週月曜日（月曜日が祝祭日の場合は開館し、直後の平日閉館）年末年始
入館料　一般三〇〇円　高校生・大学生　二〇〇円
交通　ＪＲ我孫子駅南口より徒歩十五分

付八　新生・新しき村入村規定（仮）

村内会員……新しき村の精神に共鳴し、それを村に住んで実践する者のことをいう。単独でも家族でも

可。希望者は仮入村期間を経て、審査の上、入村が認められる。入村に際しては規定の金額を納める。居住に要する費用は無料で、毎月、常勤職員としての給与が支給される。各種保険完備。

村外会員……生活は新しき村の外でおこなうが、新しき村を外からサポートするのみでなく、運営にも積極的に参加する。年会費を収めると、機関誌「新しき村」が無料のほか、「村外会員の家」での宿泊ほか、さまざまな特典がある。神田神保町の新村堂（東京支部集会場）で開催される定例会（月例会、木曜会）に招待。

通村会員……新しき村に通える距離に住む者が、毎日もしくは希望の曜日に村を訪れて、村での労働を助け、施設を利用して自己研鑽する者。フリーの職員として規定の給与を支給。

賛助会員……企業や団体など、新しき村の精神に共鳴して、その維持発展に協力すべく、定期的に寄付をおこなう者。通村会員と同じく村外会員と同様の扱いが得られる。

入村希望者は、住所、氏名、連絡先、履歴書を添付して著者までメールでご連絡ください（専用のアドレスは奥付に記載）。コミュニティ・センターの職員を希望の方は、作文「新生・新しき村の私」（約二〇〇〇字）も添えてください。とりあえず名簿を作成し、しかるべき時にご連絡致します。

付九　新生・新しき村ロードマップ（試案）

一　新組織へ移行することにともなう理事会・評議員会のメンバー一新と、同定款の抜本的改正。ガバナンス（統治機構）、コンプライアンス（法令遵守）強化。運営の透明化。

一　第三者委員会による役員の選定にあたっては、役職に必要な知識・企画力・技能に加えて、意欲と実行力を備えていることを条件とする。

一　新規収益事業を策定するについての懸賞論文の応募。もしくは専門家による諮問機関の設置。

一　各メディアへ、新しき村が生まれ変わることの発信。新会員、賛助会員の募集。見学会、体験入村開催。

一　新生・新しき村が実施するプロジェクトを推進するための基金創設。

一　新生・新しき村の発展に賛同し、資金面その他の支援をする企業、文化団体、地方自治体、教育機関、病院、福祉施設等への協力要請と提携。

一　日向新しき村、調布市実篤記念館、白樺美術館、白樺文学館、石井記念友愛社等との連携強化。

一　中高生を対象にした、実篤読書コンクールの開催。実篤をテーマにしたコント、笑劇の募集。

一　村内会員、通村会員、村外会員、賛助会員の大幅増員。役割分担と責任の明確化。各地・各国の支部再結成。村内会員の入村資格・入村規程は抜本改正。

一　村内会員、通村会員は、新生・新しき村の職員であるとの認識のもと、維持発展に努める。また、村外会員は従来のサポート役に甘んじることなく、新生・新しき村の運営に積極的に参加する。

一　新生・新しき村の頭脳、及び文化・情報発信基地としてのコミュニティ・センターの開設。全面支援。

一　東京支部の集会所である「新村堂」の機能強化。常駐者を置いて、コミュニティ・センターができるまでの情報発信基地とする。新しき村に関心をもつ人々の訪問を歓迎し、丁寧に対応。月例会や木曜会のほか、学生や一般社会人を対象に文学カフェ、哲学カフェも開催。

一　機関誌「新生・新しき村」（電子版も）の定期刊行とホームページの刷新。

一　新生・新しき村の存続・発展に賛同して村内に残った人々の生活安定と老後の保障。

一　新規入村者のための住宅（家族用、単身者用）新設。

一　毛呂山町、木城町、埼玉県、宮崎県など、地域との交流を促進して、町おこしの一翼を担う。市民や訪問者、地域交流のための集会場を新設。

一　新規収益事業及び福祉・教育・芸術を三本柱にした公益事業の展開。

一　有料老人ホーム、障がい者施設、託児所、災害時の緊急避難施設の設置。レストハウス、実篤湯、児童用遊戯施設 etc.

一　実篤かぼちゃの生産・販売。ハイテク農業の研究。市民農園・芸術村開設。

一　新生・新しき村出版部、白樺塾の運営。音楽コンサート、演劇祭、映画上映会、美術展の定期的開催。

一　近隣の住民や希望者を対象にした体験農業指導、文学・絵画・書道教室。

一　新生・新しき村美術館・生活文化館、公会堂、アトリエ、窯場、茶室、大愛堂（納骨堂）、村外会員の家（宿泊施設）の修築と維持管理 etc.

主な参考文献

前田速夫『「新しき村」の百年 〈愚者の園〉の真実』二〇一七年、新潮新書
越智道雄「高度管理社会とコミューン⑤」(「春秋」一九九七年十一月号)、春秋社
速水融『日本を襲ったスペイン・インフルエンザ―人類とウィルスの第一次世界戦争』二〇〇六年、藤原書店
NHK「無縁社会プロジェクト」取材班編著『無縁社会〜〝無縁死〟三万二千人の衝撃』二〇一〇年、文藝春秋
澤田晃宏『東京を捨てる　コロナ移住のリアル』二〇二一年、中公新書ラクレ
三浦展『東京は郊外から消えていく！　首都圏高齢化・未婚化・空き家地図』二〇一二年、光文社新書
同　『東京郊外の生存競争が始まった！　静かな住宅地から仕事と娯楽のある都市へ』二〇一七年、光文社新書
増田寛也編著『地方消滅』二〇一四年、中公新書
大江正章「農山村と人が多様につながる――田園回帰の諸相」(『田園回帰がひらく未来』所収)二〇一六年、岩波ブックレット
農文協論説委員会「主張：戦後六〇年の再出発　若者はなぜ、農山村に向うのか」(『現代農業』二〇〇五年十月号)
小田切徳美『農山村は消滅しない』二〇一四年、岩波新書
『農山村再生・若者白書2011』編集委員会編『響き合う！　集落と若者　農山村再生・若者白書2011』二〇一一年、農山漁村文化協会
多田朋孔・NPO法人地域おこし『奇跡の集落　廃村寸前「限界集落」からの再生』二〇一八年、農山漁村文化協会
前田速夫『白の民俗学へ　白山信仰の謎を追って』二〇〇六年、河出書房新社
相川俊英『奇跡の村　地方は「人」で再生する』二〇一五年、集英社新書
平田オリザ『下り坂をそろそろと下る』二〇一六年、講談社現代新書
内山節『時間についての十二章』一九九三年、岩波書店
同　『内山節のローカリズム原論』二〇一二年、農山漁村文化協会
江渡狄嶺『場の研究』一九五八年、三蔦苑
宇沢利文『社会的共通資本』二〇〇〇年、岩波新書
柄谷行人ほか『NAM原理』二〇〇〇年、太田出版
TV Bros. 編集部編『イナカ川柳』二〇一六年、文藝春秋
トーマス・モア／平井正穂訳『ユートピア』二〇一一年、岩波文庫
ウィリアム・モリス／川端康雄訳『ユートピアだより』二〇一三年、岩波文庫

ヘルベルト・マルクーゼ／清水多吉訳『ユートピアの終焉』二〇一六年、中央公論新社

ザミャーチン／川端香男里訳『われら』一九九二年、岩波文庫

オルダス・ハクスリー／黒原敏行訳『すばらしい新世界』二〇一三年、光文社古典新訳文庫

菊池理夫『日本を甦らせる政治思想　現代コミュニタリアニズム入門』二〇〇七年、講談社現代新書

井上達夫『他者への自由　公共性の哲学としてのリベラリズム』一九九九年、創文社

エドワード・サイード／今沢紀子訳『オリエンタリズム　上下』一九九三年、平凡社ライブラリー

柄谷行人『スピノザの「無限」』（『言葉と悲劇』所収）一九九三年、講談社学術文庫

ミシェル・フーコー／佐藤嘉幸訳『ユートピア的身体・ヘテロトピア』二〇一三年、水声社

マンハイム／高橋徹・徳永恂訳『イデオロギーとユートピア』（『世界の名著56』所収）一九七一年、中央公論社

ベネディクト・アンダーソン／白石さや・白石隆訳『増補　想像の共同体　ナショナリズムの起源と流行』一九九七年、NTT出版

吉本隆明『共同幻想論』一九七九年、河出書房新社

ジャン＝リュック・ナンシー／西谷修・安原伸一朗訳『無為の共同体　哲学を問い直す分有の思考』二〇〇一年、以文社

モーリス・ブランショ／西谷修訳『明かしえぬ共同体』一九九七年、ちくま学芸文庫

ジョルジョ・アガンベン／上村忠男訳『到来する共同体』二〇一五年、月曜社

橋川文三『日本浪曼派批判序説』一九六八年、未来社

広井良典『コミュニティを問い直す　つながり・都市・日本社会の未来』二〇〇九年、ちくま新書

ハンナ・アレント／志水速雄訳『人間の条件』一九九四年、ちくま学芸文庫

井上ひさし『コメの話』一九九二年、新潮文庫

山下惣一『農の明日へ』二〇二一年、創森社

イヴァン・イリイチ／渡辺京二・渡辺梨佐訳『コンヴィヴィアリティのための道具』二〇一五年、ちくま学芸文庫

見田宗介『未来展望の社会学』（『定本見田宗介著作集7』）二〇一二年、岩波書店

カント／中山元訳『永遠平和のために／啓蒙とは何か他3編』二〇〇六年、光文社古典新訳文庫

デヴィッド・ハーヴェイ／森田成也他訳『コスモポリタニズム　自由と変革の地理学』二〇一三年、作品社

キルケゴール／桝田啓三郎訳『現代の批判』（『世界の名著40　キルケゴール』所収）一九六六年、中央公論社

大江健三郎『燃えあがる緑の木』（全三冊）一九九八年、

新潮文庫
シモーヌ・ヴェイユ／田辺保訳『重力と恩寵』一九九五年、ちくま学芸文庫
村上龍「人生はカーニバル」ほか（黒古一夫『村上龍「危機」に抗する想像力』二〇〇九年、勉誠出版より孫引き）
安部公房『方舟さくら丸』一九九〇年、新潮文庫
宮沢賢治『農民芸術概論綱要』（『宮沢賢治全集10』所収）一九九五年、ちくま文庫
同『ポラーノの広場』二〇一二年、新潮文庫
ルソー／今野一雄訳『エミール』二〇〇七年、岩波文庫
ルネ・シェレール／杉村昌昭訳『ノマドのユートピア』一九九八年、松籟社
日比野英次「ラディカル実篤」二〇〇四年五月、「新しき村」五月号
同　「実篤のディコンストラクション」二〇〇五年五月、「新しき村」五月号
同　「ポスト・モダンの帰農」二〇〇六年五月、「新しき村」五月号
大江健三郎『新しい人よ、眼ざめよ』一九八三年、講談社

前田速夫（まえだ　はやお）

民俗研究者。1944年、疎開先の福井県勝山生まれ。東京大学文学部英米文学科卒。68年新潮社入社。95年から2003年まで文芸誌「新潮」の編集長を務める。87年より白山信仰などの研究を目的に「白山の会」を結成。主な著書に、『異界歴程』『白の民俗学へ』『古典遊歴』『白山信仰の謎と被差別部落』『辺土歴程』『海を渡った白山信仰』『北の白山信仰』『「新しき村」の百年』『谷川健一と谷川雁』『老年の読書』など多数。『余多歩き　菊池山哉の人と学問』で読売文学賞受賞。

新生・新しき村専用アドレス　hayao17@outlook.com

未完のユートピア
新生・新しき村のために

2022年12月12日　　第1刷発行

著　者：前田速夫
発行者：坂本喜杏

発行所：株式会社冨山房インターナショナル
〒101-0051　東京都千代田区神田神保町1-3
TEL 03-3291-2578　FAX 03-3219-4866
URL:www.fuzambo-intl.com

印刷：株式会社冨山房インターナショナル
製本：加藤製本株式会社

ISBN 978-4-86600-098-5